正 是

The Seasons
of Tea

喝 茶 時

序 Intro
隨四季流淌的好茶時光

雖然每個地區略有不同，但在英國流傳下來的茶宴禮儀 (Tea Party Etiquette) 中，有一項有趣的規定——茶宴上的話題，只能關於茶和天氣。在茶宴當天，再也沒有比茶和天氣更隨手可得、更好聊的話題了。第一次參加茶宴的人，也能毫無壓力加入對話，在陌生人面前不透露個人資訊地繼續聊下去。

茶宴那天的光和空氣，只有在當下才能感受到。茶與其他嗜好性飲料相比，製作過程較少機器的參與，就算是同一片茶葉、經過同一人之手沖泡，味道也會根據當下的陽光與風，還有溫度與濕度，產生或多或少的變化。因此有關天氣與茶的單純話題，每天都很新穎。

從天氣的話題連接到季節。在古代,季節就是時間的指標。冰雪融化形成雨落下,作物發芽,結成果實,枯葉掉落,又再次下雪,季節更迭對古人而言如同月曆。進入農業社會後,掌握這些變化越來越重要,於是出現了根據太陽的動向區分季節的二十四節氣。

在古早時期,二十四節氣就像是一個日程表,告訴人們播種、收成的時機,而對於喜歡喝茶的人而言,一整年喝茶的記憶也同樣刻在節氣的身上。根據天氣的好壞會產生不同的茶,因此愛茶者對於每天光、空氣與季節的變化特別敏銳。

根據季節喝茶如同編織壁毯。乍看之下，不怎麼特別的一天變成緯紗和經紗，在織布機上交叉，逐漸形成只有自己才能看得出規律的美麗紋樣。本書是為了剛開始喝茶、已經準備編織新季節壁毯的人所準備的品茗說明書。

　　集結各款新茶上市的茗品季節 (Quality Season)，以及通過關卡和流通程序到附近賣場的時期，加上蘊藏在茶香與味道的季節感，本書選擇了符合各個節氣的二十三種單品茶 (Single Origin Tea) 和一種混合調配茶 (Blended Tea)。雖然調味茶 (Flavoured Tea) 是現代茶產業中很重要的一部分，但這個種類即便不特別說明，大家也能輕易找到自己的喜好。

本書選擇了許多種茶來編成目錄，但考量到取得的便利性，未將六大茶系中的黃茶 (Yellow Tea) 列入範圍。

　　尋找自己的喜好就如同探討自己的心靈。希望翻開本書的人可以傾聽茶與季節的故事，並在某一天按照自己的喜好重新填寫茶的節氣。那一定會成為看一眼便無法忘懷的美麗織紋。

CONTENTS

CHA 與茶的 PTER
初次相遇
01

CHA 茶的季節 PTER
與節氣
02

春

夏

秋

冬

CHA 享茶的 PTER
精采方式
03

CHA 茶杯裡的 風味學 PTER 04

APP 附錄 ENDIX

CHA 與茶的 PTER
初次相遇

01

雖然每個人都有第一次，但偶爾在知名的咖啡廳或茶室拿到一本像書一樣厚重的茶單時，難免會覺得不知所措。或許有些人想要送茶，前往百貨公司一看，才發現茶的種類怎麼這麼多，只好在櫃檯附近徘徊，最後點著頭似懂非懂傾聽店員親切的說明，買了賣得最好的產品，像逃跑似地離開。有時候也會收到意料之外的茶禮物，但很多人都不知道在高級包裝紙裡面的是什麼，以及到底該怎麼喝。

不過，這世上所有東西都有自己的規則，看似複雜的事情，一旦了解過後就很簡單，這難道不是人生的陳腔濫調嗎？茶儘管看起來難以親近，但其實也只不過是會散發出香氣的葉子和沖泡物。為了不迷失在茶店的陳列櫃以及茶單上，能夠更輕易找到想要的茶，讓我們一起以本書為指標，走入茶的世界吧！

1. 茶的種類

　　雖然茶的種類非常多，但可以大致先分成兩類。判斷標準在於是否為茶樹茶葉所製成的「真茶」。若為否，那就是除了葉子之外，還混合了花、果實、根和莖等植物的各種部位。這類的茶經常被稱為「香草 (Herb)」，但正確來説應該稱為「花草茶 (Tisane)」或者「植物混合物 (Botanical Blend)」更為恰當。

　　除了這兩種類別之外，茶總共可以分為三種。以產地名稱命名的茶、混合不同的茶而被添上新名稱的茶，以及用芳香精油 (Aroma Oil) 等沾上香氣的茶。無論茶室中的茶單有多長，都屬於這三種其中之一，所以可以不用那麼擔心。

單品茶 Single Origin Tea

單品茶是指在單一產地生產的茶。單品茶可以反應各地風土條件 (Terroir) *的特色，即使種植同一品種的茶樹，也會根據在哪個地區、由誰製作、如何製作，而誕生出完全不同的茶。單品茶與單品酒或單品咖啡相同，產地的名稱就是茶的名稱。最近以個別農戶或生產者命名的單一莊園茶 (Single Estate Tea) 備受矚目。單一莊園茶只會用生產者製作的單一種茶，並以一批 (Batch) 或一堆 (Lot) 為單位銷售，茶的名稱後會編上編號。

例如：阿薩姆紅茶、大吉嶺紅茶、祁門紅茶、肯亞紅茶、錫蘭紅茶等，都是屬於單品茶。

---

* 風土條件：此用語源自於紅酒產業，現在擴大至茶、咖啡和香菸等多種產品的作物。不僅包括影響茶樹生長的氣候和地理因素，還包括品種、栽培方法、加工技術等整體概念。

混合調配茶 Blended Tea

混合調配茶是混合各產地的茶所製成的茶，也稱為「拼配茶」，是出於經濟考量，為了製造出相對平價、品質優越的標準化產品而生的茶種。茶與其他農產品一樣，不可能每年都產出同品質的產品，因此一般茶品牌銷售的茶大多都有經過混合的過程。

負責混合茶葉，讓茶的味道維持不變的專家叫做「調茶師 (Master Tea Blender)」，他們會用各產地、季節、品種，甚至每年味道都不同的茶葉，調配出味道一致化的產品，這份工作簡直可以說是在挑戰神的領域。

例如：所有的英式早餐茶、哈洛氏 14 號 (Harrods No.14)、福南梅森皇家茶 (Fortnum & Mason Royal Blend) 等。

調味茶 Flavoured Tea

調味茶是在茶葉上均勻噴灑從多種材料中萃取出的精油等，以人為方式添加香氣的「加香茶」。法國擁有高超的調控香味技術，因此調味茶的發展以法國茶品牌為中心。調味茶具有水果或巧克力等令人感到熟悉又容易獲得好感的香味，因此成為許多人開始喝茶的契機。

例如：所有伯爵茶、瑪黑兄弟馬可波羅茶 (Mariage Freres Marco Polo)、馥頌蘋果茶 (Fauchon Apple Tea)、綠碧茶園櫻桃紅茶 (Lupicia Sakurambo) 等。

2. 茶葉的保存

茶的保存期限

普通茶葉只要好好保存，即使過了一百年也不會壞掉。從普洱茶的例子來看就可以明白，有時候甚至會故意讓茶葉發酵。隨著時間的推移，普洱茶的苦味會消失，甜味和清香變得更為濃厚，這種保存良好的陳年普洱茶能以高價出售，甚至一度被當成投資產品，備受關注。

市面上銷售的茶由於受到法律管制，需要標示出保存期限*，但如果是要在家裡獨自享受的茶，只要確實保存，即使經過了標示的日期，喝起來也不會有太大的問題。茶並不像牛奶或豆腐，超過保存期限容易有食品衛生上的疑慮。茶的保存期限比較像是建議的飲用期限，或者品質保證期限，也就是農家或茶商有責任確保那段期間內的產品品質沒有問題。

但如果在茶葉裡混合水果或花朵等其他材料，就屬例外。混合了非茶葉材料的混合茶和調味茶，建議儘量在開封後一年內飲用完畢。除此之外，綠茶等茶葉較接近青色的茶，為了享受其特有的清香，也不建議存放太久。

* 各國規範不同，但作者所在的韓國和台灣，為保障消費者權益，茶葉產品包裝上皆需明確標示出符合食品衛生管理法的保存期限。

茶的保存方法

茶怕潮濕、熱氣，以及光線。有時候會在咖啡廳或賣場看到裝入玻璃瓶當中的茶被光線直接照射，雖然有裝飾效果，但那會對茶的品質造成很大的影響。書房通常位於涼爽且乾燥的地方，因此把茶保存在書房還算不錯，不過冬天需要避開暖氣，將茶放置到陰涼處。

茶葉最好密封並保存在沒有味道、乾淨、陰暗且涼爽的地方。保存容器或包裝紙選擇不透光的材質。因為原來的包裝已經帶有茶的香氣，所以也可以直接使用原包裝。如果不喜歡原來的外觀，將茶葉連同包裝，一起裝到其他袋子或容器中也是一種方式。

雖然也可以把茶放進冰箱保存，但冰箱裡的其他食材不能有味道，否則會染上雜味。而且有一點很麻煩，那就是需要提前將茶拿出冰箱，等到茶恢復室溫才可以開封。如果不這樣做，空氣中的水分就會因冰冷的茶葉而凝結，使茶的濕度上升，容易造成茶葉臭酸腐敗。

3. 泡茶的方法

來泡茶吧！

對從來沒有用茶葉泡過茶的人說這一句話，大部分的人可能會非常錯愕。常常有人問我：「我沒有學過泡茶，沒關係嗎？」我們一起來回想第一次煮泡麵的時候吧！就算沒上過關於泡麵的專業課程，只要看一下包裝後面的步驟說明，每個人都可以輕易煮好一碗泡麵。茶也是同樣的道理。從某種層面來看，茶比起還要把原豆放入磨豆機磨碎的咖啡來得單純。只要把熱水倒在茶葉上稍待一下，就能夠泡好茶，跟泡麵沒什麼兩樣。

各位可能有聽過，茶是繼水之後，全世界的人最常喝的飲料。這並不是在說茶有多厲害，而是代表茶的確是一種再普遍也不過的大眾飲料。想想可樂吧，如果茶跟可樂一樣需要特別的技術或者資格才能製作，就不會從大城市到沙漠荒地，這麼廣泛地受到各階層的人喜愛。咖啡需要先烘焙原豆，用磨豆機磨碎後，再小心翼翼地萃取。相較之下，泡茶的步驟非常簡單，只要煮滾水和計時，每個人都可以泡出好茶。

基本茶具

茶壺

茶壺是用來放入茶葉和水的泡茶器具，有許多不同的大小和材質，其中又以陶瓷茶壺最為廣泛使用。蓋子上帶有濾網的玻璃茶壺也很受歡迎，可以看到茶葉緩慢舒展開來的樣子，方便依據茶色來掌握濃度，但由於保溫性差，茶很容易變涼，因此建議只用來沖泡，之後再倒到材質適合保溫的奉茶壺中。

在英國飯店的茶室可以看到用銀製成的茶壺，其保溫效果最好。茶水一旦變冷，澀味就會變明顯，所以也時常使用加入棉花的布製茶壺套 (Tea Cozy) 提升保溫效果。

中國主要使用的是小型的茶壺。常用的材質除了陶壺外，中國江
蘇省宜興的紫砂壺也很有名，像紫砂壺這種不上釉的茶壺不會用
清潔劑清洗，因此最好只泡一種茶，讓茶的香味滲透壺壁。

蓋碗

蓋碗是有蓋子的茶杯。一開始蓋碗是利用蓋子擋住茶葉，透過縫
隙喝茶的茶杯，但近年來則多用於泡茶。使用蓋碗泡茶需要加入
比茶葉更少的水，多沖泡幾次。蓋碗中最常見的材質是陶瓷，建
議在購買時直接觸摸，挑選適合自己的手感。蓋碗不適合泡細碎
的碎葉茶，但簡單的構造方便直觀，加上丟棄茶葉與清潔也更為
便利，因此最近備受矚目。

茶杯

茶杯是用來盛裝並飲茶的杯具。有把手的茶杯是歐洲人為了配合
自己的飲食文化而發明，通常會與茶碟 (Saucer) 當成一個組合使
用。茶文化流傳至歐洲的初期，會將茶從茶杯倒入茶碟，讓茶水
冷卻後飲用。茶杯比馬克杯還小，大多又矮又寬，光看外型很難
區分是用來喝咖啡還是茶。在北歐，茶杯通常比咖啡杯更大。

韓國、日本等東亞地區多使用沒有把手的茶杯；而在中國，由於
直接在客人面前泡茶，用熱茶招待客人為一種禮儀，因此偏好使
用小型的茶杯。

濾網

茶葉如果沒有及時過濾，茶味就會變得苦澀。濾網大致上可分為兩種，有兩邊的把手，可以掛在茶杯上的濾網，以及只有單邊長把手，可以用一隻手握住來過濾茶葉的濾茶杓。

計時器

計時器是計算泡茶時間的器具。雖然電子計時器很方便，但也有許多人喜歡沙漏計時器特有的傳統感覺。

茶量匙

茶量匙是測量茶葉重量的湯匙。茶量匙的容量通常比茶匙稍大一些，可以代替一般的計量匙使用。

茶荷

茶荷是為了將計量好的茶葉移至茶壺或蓋碗，或者展示茶葉給客人看的器具，在韓國稱為「看茶器」。茶荷的材質多樣，有木頭、陶瓷、金屬和玻璃等。

茶匙

茶匙是握把很長的小茶湯匙，用途非常多樣，可以用來將茶荷上的茶葉推進茶壺、測量抹茶等粉狀茶葉的重量，或者取出泡好的茶葉等。

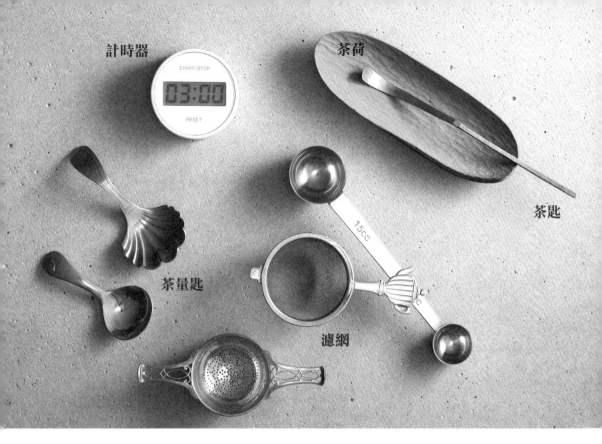

計時器

茶荷

茶匙

茶量匙

濾網

泡茶的基本準則

以 300ml（約 10oz）容量的茶壺 / 馬克杯為準

茶系	茶種	茶葉量(g)	溫度(°C)	時間(分鐘)
綠茶	炒青綠茶	4~5	85~97	1~1.5 分
	蒸青綠茶	5	70~75	1.5~2 分
	玉露	8	45~60	2 分
白茶		4	85~90	4~5 分
青茶		4~5	90~97	3~4 分
紅茶	全葉正統茶	3~4	90~97	3~3.5 分
	碎葉茶、CTC 茶	3~4	97	1~2 分
加香茶	紅茶基底	3~4	97	2.5~3 分
	綠茶、青茶基底	3~4	97	1.5~2 分
普洱茶		4~5	90~97	1~2 分

用茶壺泡茶
BREWING TEA-TEA POT

1. 測量茶葉的重量。
   （參考 p25）

2. 將沸水倒入沖泡用
   的茶壺 * 中溫壺。

   * 稱為沖泡茶壺 (Jumping
   Tea Pot) 或第一茶壺 (1st
   Tea Pot)。

3. 接著再將沖泡茶壺中的熱水，
   倒入奉茶用的茶壺 * 中。

   * 稱為奉茶壺 (Serving Tea Pot) 或第
   二茶壺 (2nd Tea Pot)。

4. 將茶葉放入溫過
   的沖泡茶壺中。

5. 從高處倒入沸水。

6. 靜心等待茶葉充分泡開。

7. 將奉茶壺中的溫水
   倒入茶杯預熱。

8. 過濾掉泡開的茶葉，將茶倒入
   奉茶壺。為了防止茶香飄散，
   倒茶時儘量貼近茶壺口。

9. 將奉茶壺中的茶倒入茶杯飲用。

用蓋碗泡茶
BREWING TEA-GAIWAN

1. 測量茶葉的重量。
   茶葉和水的比例約為 1:30。

2. 在蓋碗中倒入熱水預熱。

3. 將蓋碗中的溫水倒入公道杯 *
   預熱。

   *在將茶分別倒入茶杯之前,用來均
    勻茶濃度的杯子。

4. 將公道杯中的溫水倒入茶杯
   預熱。

5. 將茶葉放入蓋碗再倒入熱水。有時候會將第一杯泡好的水倒掉，稱為洗茶或潤茶，其目的並非清洗茶葉，而是用熱水洗過一次，讓茶能夠更順利舒展開來。

6. 短暫靜置約 15-45 秒後，將茶葉過濾，茶水倒入公道杯中。

7. 接著再倒入茶杯飲用。

用蓋碗泡茶時，一開始泡的時間較短，隨著泡的次數增多，逐漸拉長泡茶時間。茶葉可以一直回沖到完全展開來。

4. 茶的應季

茶就像所有農作物一樣有季節性。春天萌發嫩芽；夏天茂盛生長；秋天開花結果；冬天進入冬眠。雖然有些生長在亞熱帶和熱帶氣候的茶樹具有一年四季都可以收穫的特徵，但其中品質最好的季節，被稱為「茗品季節 (Quality Season)」。

大部分使用春天新芽嫩葉所製作的茶最為優秀，因為茶樹經過一個冬天的充裕休息後，蘊含大量能夠產生甜味的茶胺酸 (Theanine) 等成分。尤其是像綠茶一樣氧化程度低、重視順口度的茶，其茗品季節大多為春季。

阿薩姆茶或大吉嶺夏摘茶 (Second Flush) 等需要充分氧化，才能形成擁有複雜醇香 (Bouquet) 的紅茶，因此最好喝的季節不是春季，而是初夏。為了展現出紅茶晶瑩的紅色水色，茶葉裡需要有充足的多酚 (Polyphenol)，而多酚在某種程度上與陽光的量和強度成正比。

影響茗品季節的因素有很多。斯里蘭卡的茗品季節會隨著季風變化。對於被稱為東方美人的台灣白毫烏龍茶而言，小綠葉蟬的繁殖時期則格外重要。除了茶樹的生長狀況之外，像武夷岩茶一樣需要時間額外加工，並在倉庫裡晾乾的茶種，收穫和實際出貨時期也會有所差異。

茶葉從採摘到製茶的過程中，能否掌握所需成分的密度，決定了茶本身的品質優劣。比起在濕潤環境中快速蓬勃生長，茶樹在有適當壓力的環境中慢慢成長，味道和香氣方能更加濃郁。略為乾燥的時期比多雨的時期好；涼爽的風若使日夜溫差變大，茶葉生長的速度就會變慢；還有在部分熱帶地區，結霜反而是讓茶變好喝的重要因素之一。對茶樹不利的環境，竟然能夠增添茶的風味，確實是充滿嘲諷意味的大自然現象。

每當喜歡的茶葉季節即將來臨，明明還未嚐到味道便已經忍不住充滿雀躍、興奮，迫不及待逐一品嚐應季的茶，將一個季節烙印在身上。

茗品季節 Quality Seasons

	2月（立春）	3月	4月	5月	6月	7月
印度	尼爾吉里					
		大吉嶺 春				
				大吉嶺 夏		
				阿薩姆 夏		
斯里蘭卡	努瓦拉埃利亞					
中國				鐵觀音 春		
		龍井				
		白毫銀針				
				武夷岩茶		
		普洱茶 春				
					祁門	
			滇紅			
韓國					雀舌	
			雨前			
日本					玉露	
			抹茶			
台灣	四季春					
				白毫烏龍		

8月	9月	10月	11月	12月	1月（大寒）
					尼爾吉里
			大吉嶺 秋		
					努瓦拉埃利亞
烏巴					
		鐵觀音 秋			
		普洱茶 秋			
日月潭紅玉					

CHA茶的季節與節氣PTER
02

春
Spring

春季是萬物從冬天甦醒，開始活動的時期。以在寒霜下發芽的印度尼爾吉里茶和錫蘭努瓦拉埃利亞茶為首，早期應季新茶逐漸展露頭角。清爽的茶香喚醒仍在睡夢中的身體與心靈。在春陽下發芽的幼苗，被精心製成清甜又純粹的茶飲，使我們得以在這個季節中與這些茶相遇。

CHA 茶的季節
01 與節氣

第一個
節氣

立春

春季

尼爾吉里茶

NILGIRI

2 月 4 日左右

無人知曉的開始

我常常覺得「立春」這個詞彙莫名其妙。立春明明是春天的開始,但二月初卻總是冷得讓人發顫。每當快忘記冬季的寒冷時,就會氣溫驟降,在去學校的路上一邊瑟瑟發抖,一邊可惜為什麼寒假只放到一月?這些陳年記憶每到立春就會浮現,兇惡地齜牙咧嘴。就連抱怨「這哪是春天?」都成了每年例行的活動。

但是在這個冰凍的季節當中,前所未有的某個事物吐出了第一口氣。大部分的人理所當然不會注意到它,因為它未曾存在過,所以誰都無法察覺它的第一次。我們把它稱為「開始」。

春天的種子總是在最冷列的寒冬中被撒落。在漫長的冬夜中,春天會在寒霜或厚厚的積雪底下悄悄發芽。待萬物感受到盎然春意時,春天早已大步向前走去。

所以立春並不是告訴大家春天已經開始的時候,而是為了準備迎接春天的節氣。大家通常會期待在三月或四月推出新茶,也就是茗品季節的茶品,但是有一些茶則偏好避人耳目,在春天開始播種的二月初,也就是立春時出現,例如:南印度地區的尼爾吉里茶。

青山

　　尼爾吉里這個名字對於許多人而言多少有些陌生，但其實印度茶中有 1/4 的產量來自這個地區，是繼阿薩姆和大吉嶺之後的印度第三大茶產地。就算查看印度地圖，也很難找到標示出「尼爾吉里」的地方，因為尼爾吉里和大吉嶺不同，它不是行政區域的名稱，而是指連接泰米爾納德邦 (Tamil Nadu)、卡納塔卡邦 (Karnataka) 與喀拉拉邦 (Kerala) 三個邦，海拔介於 1000 至 2500 公尺的高山地帶。

　　金氏世界紀錄中海拔最高的茶園*也位於此處。雖然人們通常會認為位於喜馬拉雅山脈山腳下的大吉嶺，就是世界上最高的茶園，但尼爾吉里地區茶園的平均海拔高度絕對不低於大吉嶺。

　　在這地區有熱帶和亞熱帶高山地區罕見的紹拉樹林 (Shola)，擁有豐富多樣性的生態，以藍紫色的尼拉庫林吉花 (Neelakurinji) 聞名，每 12 年綻放一次，開滿整座山頭。在當地的語言中，尼爾吉里有「青山」的意思，這個名字源自於圍繞著山峰的青色煙霧和尼拉庫林吉花。

* 科拉昆達茶莊 (Korakundah Tea Estate) 2414m。

雪和霜的茶

　　尼爾吉里的二月比其他高山地帶稍微溫暖，偶爾降下的霜和雪成為了一種祝福。茶樹被埋在雪堆底下，撐過頻臨凍死的苦難後，茶葉的香味便會堆疊濃縮。因此茶農會以霜季 (Frost Season) 來稱呼這個時期，而不是茗品季節。

　　在應季收穫的尼爾吉里紅茶中，冬天的冰涼氣魄和春天感受到的溫暖陽光和諧地融合在一起。雖然味道濃郁，卻溫和而細緻，無論下雨還是放晴，任何時候都不會輕易覺得膩，而是令人感到舒適。在這個季節泡一盞熱茶享用，留下一些茶葉後，在盛夏時做成冰茶也不錯。

　　這種茶沒什麼苦澀味，性質溫和，就算突然用冰塊降溫，也不太會因白濁現象而導致茶色混濁乳化。這也是全世界的調茶師鍾情於以此茶當作混合基底的原因，產生香氣後，其餘特色會隱藏在香氣之後，不掩蓋過其他茶的特徵，能夠鞏固茶的味道。

　　近年來，由於吹起特種茶 (Specialty Tea) 紅茶熱潮，尼爾吉里的茶也跟著日新月異。最具有代表性的就是格倫代爾茶莊 (Glendale Tea Estate) 的「托爾 (Twirl)」。托爾茶不是以傳統有性生殖，而是以無性生殖方式生長而成的茶樹，製成擁有巨大葉子的全葉茶，明顯的玫瑰香氣令人驚艷且印象深刻。

在寒冷冬天製成的尼爾吉里全葉茶，在無色的寒霜之下，顯得更加優雅、華美。這款茶的香味就像是梅花苞在雪中初次盛開，散發出撲鼻又鮮明的香氣。雖然外面依然寒冷，春天還停留在茶杯裡，但暖熱的溫度透過雙手和嘴唇蔓延到全身時，我們就可以提前感受到即將到來的季節，用充滿希望的聲音說：「春天要來了！」

尼爾吉里茶

印度三大產地——大吉嶺、阿薩姆、尼爾吉里

乾葉
帶有草綠感的墨綠色

葉底
黃中帶紅，具有彈性的茶葉

水色
亮琥珀色

品茗記錄：令人聯想到涼爽微風的清淡柑橘味道，還有以此為底的玫瑰和尤加利樹的香氣。中等茶體 (Medium Body)。溫和卻鮮明俐落。

搭配訣竅：乾淨清爽的味道適合製作成冰茶，尤其推薦加入黃綠檸檬等柑橘風味。搭配舒肥雞胸肉沙拉也很適合。

產地：印度

茗品季節：12 月 - 2 月

地點：以泰米爾納德邦的烏塔卡蒙德 (Udakamandalam) *和喬奧諾奧爾 (Coonoor) 為中心的高山地帶

概要：佔據印度茶產量約 25% 的南印度代表產地。雖然主要栽培阿薩姆的大葉種茶樹，但尼爾吉里茶比起印度北部的茶，與位於印度洋對岸的斯里蘭卡紅茶更為相似。

地理特徵：連接南印度德干高原和西高止山脈，海拔高度為 1000-2500 公尺的高山地帶。儘管海拔高，但具有平緩的山脊，以及與森林融合在一起的美麗風景，被稱為印度的阿爾卑斯山。

起源：尼爾吉里是印度最早嘗試種茶的地方之一。英國從 19 世紀初起，開始在這裡種植從中國帶來的樹苗和茶種子，但大部分以失敗收場。1835 年，好不容易在烏特吉 (Uthgi) 和喬奧諾奧爾 (Coonoor) 之間的凱蒂城 (Ketti Valley) 種植茶樹成功，但未能持續栽培，一直到 1859 年，提亞索拉 (Thiashola) 和鄧桑德爾 (Dunsandle) 等大型茶園才得以在尼爾吉里丘陵紮根。

*簡稱烏蒂 (Ooty)。

CHA 茶的季節 與節氣

02

第二個
節氣

雨水

春季

鐵觀音
TIEGUANYIN

2 月 19 日左右

破冰

　　雪融冰消，成為灌溉萬物的春雨，幼時在雨水節氣時期，我偶爾會被交託在鄉下的老家。在剛從冬眠裡醒來的小溪邊，柳樹花苞就像小狗肥嘟嘟的尾巴般盛開，我為了快回到家的媽媽，折下了一束和我身高差不多的長柳條。

　　雖然小村莊裡都是熟悉且和藹的面容，但偶爾想家的時候，我會呆呆望著山下的池塘。有一天，我突然聽到了一個聲音，瞬間晃動了寧靜的山谷。不知道聲音是從山邊，還是從我身邊傳來的，難以猜測距離，那個噪音就好像有什麼東西崩塌了，既輕淺又沉重。睜大眼睛一看，有人說那是厚厚的冰層融化，內部迸裂開的聲音。原來不是從外面，而是由裡至外發出的聲響。如果心碎可以被耳朵聽到，也許就是那樣的聲音。

二十幾歲到都市準備開學的時期就像春假一樣，充滿陌生的活力。幾年前英國女王伊麗莎白二世曾經蒞臨的仁寺洞重新裝修了，雖然茶館林立的仁寺洞對於新手茶迷的我而言，是一條非比尋常的街道，但偶然的一杯熱茶，卻帶來諸多的親切感。

紅色小茶壺中的暗褐色茶葉，就像那年格外寒冷的冬天中的我，圓圓地蜷縮起了身體。那時，只知道綠茶和紅茶的我問了老闆這是什麼種子或果實，親切的老闆搖了搖頭，告訴我這是鐵觀音。這名字有點矯揉造作，聽起來卻很神聖。老闆用了兩個茶杯讓我有點在意，當滾燙的沸水倒進茶壺裡，清甜幽深的香氣立即充滿小茶室，不久便讓我覺得恍如夢境。

不過真正讓我驚訝的在後頭。我一直很好奇桌上的兩個茶杯，是不是要把茶倒入又長又窄的那個茶杯，再用剩下的茶杯蓋住後輕輕翻倒過來？在茶館老闆的指示下，我先用一開始裝茶的窄長茶杯聞完香氣後，小心翼翼地啜飲了一小口茶。我馬上就知道，我永遠不會忘記現在喝的這杯茶的名字。四周如此寧靜，但我似乎聽到了那令人心動的某一天，冰融化的聲音。

美如觀音，重似鐵

鐵觀音在中國是最常見的大眾青茶，青茶也叫做烏龍茶。當時有很多人都像我一樣，透過鐵觀音第一次接觸中國的茶。我覺得應該不只一、兩個人是因為那圓圓捲起的獨特茶葉外型，以及令人印象深刻的香氣而開始喜歡茶。鐵觀音在中國廣受喜愛，其茶園的規模和產量在福建省的青茶當中壓倒性名列前茅。

自古以來，鐵觀音的風味被形容為「美如觀音，重似鐵」，茶的香氣和味道就像觀音菩薩一樣，既優雅又美麗，而沉甸甸落在嘴裡的感覺則像鐵。但對於最近才開始喝鐵觀音的人來說，可能會覺得這個解釋有點陌生，因為近年來市場上常見的鐵觀音都是清香型鐵觀音，氧化程度較低，乾葉呈青色，當然不可能像鐵一樣沉重。清香型鐵觀音是如春風般輕拂而過的輕盈茶體，在此之上的清雅花香如玉珠般溫和。

但在我記憶中的鐵觀音，絲毫不遜色於「美如觀音，重似鐵」這句話，輕輕壓住舌頭的沉重香氣中，蘭花和桂花的幽香在舌頭交織出複雜的圖樣，喝完之後，還會留下悠長的餘韻。現在傳統的茶農也會製作這種濃香型鐵觀音。清香型和濃香型，決定性的差異在於是否在做完茶後加上焙火過程。這個過程也被稱為烘焙或炭焙，類似於咖啡的烘焙 (Roasting)。

從濃香型到清香型

直到 1990 年代後期仍然佔據主流的濃香型鐵觀音之所以會被清香型鐵觀音取代，有好幾個原因。第一，消費者的喜好逐漸從濃厚的茶，轉為清淡且香味簡單易懂的清香型。第二，包裝、保管與運送技術的發展。最後一個原因則與炭焙過程有關。

通常在所有茶專家當中，焙茶師是最受到禮遇的一群，因為焙茶是一項非常辛苦又困難的作業。為了做出傳統的鐵觀音，必須燃燒用龍眼木等果樹製成的木炭，再放上裝有茶的焙籠，維持低溫慢慢烘焙，以免茶葉燒焦。不僅如此，為了讓整體均勻烘焙，必須先去除茶的旁枝，這樣在加熱的期間，茶的體積和重量就會自然大幅減少。因此濃香型在製作上需要花費很長的時間和精力，成品量卻比清香型少，當然越來越少人製作。

現在一到雨水這個節氣，我還是會想起融化冰凍心靈的那杯鐵觀音，以及仁寺洞巷內那家已不復在的小茶店裡，老闆菩薩般的親切微笑。冰雪融化，成為滋潤大地、灌溉草木的雨水。雖然我永遠無法知道老闆此刻在哪裡做什麼，但是他給我的那一杯鐵觀音，卻讓我產生了想要推展茶產葉的使命，不覺得很神奇嗎？

*感謝日昇昌茶莊老闆宋元根，對本章中有關傳統工藝鐵觀音的資訊提供幫助。

鐵觀音

從濃香到清香的中國代表性青茶

乾葉
乾燥時呈圓珠狀，
是具有光澤的暗褐色茶葉

葉底
以墨綠色為底，
邊緣有明顯紅色的綠葉紅鑲邊

水色
泛紫的琥珀色

品茗記錄：蘭花和丹桂的幽香。中等茶體 (Medium Body)。雖然具有蜂蜜般的甜甜香氣，但帶有些許礦物感，味道沉重幽深，餘韻可以持續很久。

搭配訣竅：可以不加牛奶或糖，直接品嚐茶本身的優雅感。推薦搭配輕便的零食，例如：堅果類和柿餅等果乾，以及祕魯或迦納

生產，從可可豆開始製作的巧克力塊 (Bean to Bar Chocolate) 等，也很適合搭配烤雞。

產地：中國

茗品季節：春茶為立夏前後，秋茶為寒露前後

地點：福建省安溪縣西坪鎮一帶

概要：鐵觀音總是會被列入中國十大名茶中，不僅代表了中國的茶文化，也是中國人最喜愛的青茶。與福建省北部武夷山製作的青茶不同，鐵觀音的特點是乾燥時就像珠子一樣圓圓的，對台灣青茶的形成產生很大影響。

地理特徵：位於福建省南部泉州市附近的茶產地，屬於低緯度的亞熱帶氣候。年降雨量為 1700 毫米左右，年均溫約為 20℃，氣候溫和，一年四季皆可產茶。在日夜溫差較大的春天和秋天收穫的茶，格外好喝。生產鐵觀音的安溪縣西坪和感德地區靠近大海，圍繞著層層山巒，雲霧繚繞，因此茶的風味更加有深度。

起源：一開始是以青茶的起源地武夷山為中心，在閩北地區生產，後來因為大受歡迎，閩南地區也逐漸開始生產青茶。其中，至今仍廣受喜愛的鐵觀音，推測是在乾隆即位的 1736 年左右登場。據悉，鐵觀音是被當時的一名官吏王士讓所發現，進獻給皇上。王氏家族至今仍在安溪縣製茶，經營八馬茶業有限公司。

CHA 茶的季節 與節氣

03

第三個
節氣

驚蟄

春季

努瓦拉埃利亞茶
NUWARA ELIYA

3 月 6 日左右

三月是獅子和羊

到了三月，一切似乎重新站到了起跑線上。在具有春節文化的國家中，一月比起新年期間，更像是送舊迎新的延長賽；二月則不只實際上真的短暫，也是年節和春假所在的月份，等到回過神來，時間就已經過去了。雖然有種亡羊補牢的感覺，但只要三月來臨，一切就好像重新開始，令人興致高漲。砰！彷彿宣告比賽開始的槍聲般，驚蟄與震天動地的雷聲一同開始了。

以前的人認為雪融的雨浸濕大地之後，天氣忽冷忽熱，大氣逐漸不穩定的時候，就會迎來那年的初次雷聲。被雷聲嚇到的昆蟲最先驚醒，之後是青蛙和蛇，最後世界萬物才終於伸懶腰，從又長又甜的睡夢中醒來，那個熱鬧的時期就是驚蟄。雖然處在一片混亂當中，卻充滿生命力。

在緯度和氣候與亞洲完全不同的遙遠英國，有一句古老的諺語：「三月像獅子一樣來，像羊一樣離開 (March comes in like a lion and goes out like a lamb.) 」。雖然三月剛開始的天氣像獅了一樣凶惡，但不久就會轉變成像羊一樣溫暖、柔和的春天。用野獸來婉轉比喻三月的上旬，似乎反映了驚蟄的活力，非常有趣。

淚珠的中間

　　從夢中清醒的不只有動物，這時候也是茶迷殷殷期盼的新茶資訊逐步捎來的時期。但是初摘的茶被製作完畢再送到消費者手中，仍需要等一段時間。此時能夠拿到的當年新茶，是像三月一樣隨意，卻擁有明朗輕快能量──努瓦拉埃利亞的錫蘭紅茶。

　　從南印度往東邊望去，就可以看到被稱為「印度洋眼淚」的錫蘭島，也就是紅茶之國斯里蘭卡。美麗的努瓦拉埃利亞村落就在那淚珠中間的最高之處。季風讓緯度差不多的尼爾吉里茶萬分緊張，但卻在這個地方，讓努瓦拉埃利亞的紅茶露出透明的金色光芒、產生刺激舌頭的清爽滋味，以及散發出春天野花般的馥郁香氣。獨特的刺激性味道與優雅的香氣，正如那一句英國諺語般，像獅子一樣開始，像羊一樣結束，是一款華麗的茶。

　　雖然努瓦拉埃利亞從緯度上來看，與大吉嶺和尼爾吉里一樣屬於亞熱帶地區，但由於高度很高，具有溫帶地區般涼爽的氣候，因此很早之前就被開發為大英帝國的度假勝地。眼睛所見之處都是種植茶樹的緩坡，嫩芽在陽光之下搖曳，形成金色波浪。延伸至汀普拉地區 (Dimbula) 的山脊之間，坐落著美麗的湖泊和瀑布，風景如此優美的地方總是會有優雅的茶室。

努瓦拉埃利亞早就成為了觀光景點，這裡所有的茶園幾乎都很歡迎觀光客。大部分的茶園不需要預約就可以觀覽茶的完整製程，參觀結束後，還可以在茶廠入口處的小商店喝茶、購買紀念品。因此，對於想要直接參觀茶產地的茶迷，努瓦拉埃利亞是我相當推薦的觀光景點。

悲傷戀人的紅茶

很多人在努瓦拉埃利亞一定會去的景點就是戀人斷魂瀑布 (Lover's Leap)，其沿著斯里蘭卡的最高峰皮杜魯塔拉格勒山 (Pidurutalagala)，又名佩卓塔拉山 (Pedrotalagala) 流瀉而下。此地有一個悲傷的傳說，一對戀人因愛情受到阻攔而陷入絕望，一同跳下了瀑布。瀑布周圍的金綠色茶田就是佩德羅茶莊 (Pedro Tea Estate)。無論是在倫敦的哈洛德百貨公司 (Harrods)，還是在東京的綠碧茶園賣場 (Lupicia)，如果要尋找最好的努瓦拉埃利亞紅茶，一定會與這個茶莊的茶相遇。

佩德羅茶莊作為努瓦拉埃利亞的景點，名聲並不遜於瀑布。佩德羅茶莊在製作紅茶的時候，就像大部分的斯里蘭卡高海拔茶一樣，會使用揉捻機將茶葉切小，因此這裡最貴的茶會從 FBOP 等級*的碎葉開始分級。由於泡茶的時間比想像中來得短，必須專心泡茶，就算只輕忽了一秒，向你席捲而來的就會是像獅子一樣兇猛刺鼻的三月的味道。

---

* FBOP 等級：Flowery Broken Orange Pekoe 的縮寫，指包含芽葉及細碎茶葉的紅茶。

在嚴冬的茗品季節收穫的努瓦拉埃利亞，製作重點在於清新的香氣，氧化過程比其他的錫蘭紅茶短，因此泡好的茶色，就好像將微微發光的春陽聚在一起，璀璨耀眼。喝起來如含著氣泡水般，就連刺激舌頭的輕微收斂感，都像是光的碎片。努瓦拉埃利亞茶如同巴哈的《醒來吧！有聲音在呼喚我們 (Wachet auf, ruft uns die Stimme.)》，為沉睡的身體注入閃耀的活力，就像驚蟄的雷聲一樣，請用心傾聽這呼喚萬物甦醒的聲音。

努瓦拉埃利亞茶

錫蘭茶中的香檳

乾葉
帶點淡綠色、被切得很細的茶褐色茶葉

葉底
紅色和墨綠相間、質地均勻的葉子

水色
絢麗的金色

品茗記錄：具有白瑞香、接骨木花等小白花，以及水芥菜等嫩葉蔬菜的清新香氣。不甜氣泡酒般的清爽滋味。輕盈茶體 (Light Body)，彷彿在嘴裡散開的輕快春陽。

搭配訣竅：可以直接喝，或加一些糖，在下午悠閒享受。推薦以氣泡水做成冷泡茶，像香檳一樣飲用。也很適合搭配香瓜、哈密瓜、西瓜等清爽的水果，或者金桔蜜餞等水果乾。

產地：斯里蘭卡

茗品季節：1-2 月

地點：努瓦拉埃利亞山地

概要：努瓦拉埃利亞有「光之城」的意思，是斯里蘭卡的七個茶產地中，位處最高地帶的一個。努瓦拉埃利亞與印度大吉嶺皆位處高山地帶，地形與氣候相似外，原本也都是英國人的度假勝地，因此常被拿來比較。努瓦拉埃利亞茶被稱為「錫蘭香檳」。

地理特徵：位於皮杜魯塔拉格勒山南邊山腳下的斯里蘭卡中部高山地帶，屬於亞熱帶高山氣候，一年四季如春。平均氣溫不到 20°C，雖然氣溫略低，偶爾會降霜，但緯度低，一出太陽馬上就會融化。11 月到 3 月之間有短暫的乾季，但位於斯里蘭卡東南部的烏巴地區則是雨季。

起源：1846 年，英國的探險家塞繆爾・貝克 (Samuel Baker) 首次在努瓦拉埃利亞建立城市。努瓦拉埃利亞曾是一個度假勝地，建築物會令人想起英國郊區，既可愛又古典，能夠喚起移民者的鄉愁，被稱為「小英國 (Little England)」。在 1884 年，努瓦拉埃利亞第一座茶莊「仙境茶莊 (Fairyland)」興建，也就是現今的「佩德羅茶莊」。

CHA 茶的季節與節氣

04

第四個
節氣

春分

春季

四季春
SIJICHUN

3 月 21 日左右

我們所熟知的奇蹟

此時依然春寒料峭，但周圍的空氣似乎悄悄變得和煦，週末人們的腳步也不再急躁，從容的背影中看得出人們終於放下心來——現在是春天了。

在全球晝夜幾乎等長的春分，完全告別由黑暗與冬天所支配的季節，從現在開始到秋分，白天都會比夜晚更長。只是白天的時間變長而已，莫名的希望卻湧上心頭，就好像圍繞著我的所有擔憂也逐日減輕。在立春的寒冷中播種的春天種子終於綻放，向世界柔和散發出暖意。我們所熟知的奇蹟悄無聲息地穿越夜晚，不知不覺開始了。

現在是時候注意台灣的青茶了。從深秋到冬天，新製的茶從上個月開始逐漸擺滿了茶店的展示櫃，其中，有一種茶的名字就像小時候曾讀過的童話書中的國家，一年四季如春。四季春是在銷售台灣茶的店家裡，很常看到的一種青茶。不只方便取得，價格也很便宜，因此可以毫不猶豫、以春天的放鬆心情選購。

延伸至台灣的中國茶文化

經過明末清初的混亂時期後，中國茶文化才形成了六大茶系。由於日本的殖民統治和中國的共產化，茶文化暫時趨於穩定。此時，為了逃避私有財產的徵收，對於跨海而來的中國茶農而言，比文化革命更重要的機會迎上門來。台灣從明代末期就開始廣泛種植茶樹，也有日本人建造的大規模茶園。以福建省為中心的中國青茶文化要移植到新基地並不是一件困難的事情。文化發展的原動力是需求，因此具有優異市場經濟體制的台灣至少在90年代之前，一直以壓倒性優勢輾壓中國的茶文化。

台灣的茶農一開始是為了出口而產茶，但在70年代前後，台灣經濟繁榮，內需市場大幅成長，比以前更有競爭力，也有了生產新茶的需求。在這個背景之下誕生的茶就是文山包種、阿里山烏龍、杉林溪烏龍等具代表性的清香型烏龍茶。

台灣茶農不是用經過傳統炭焙過程的沉重福建省青茶，而是用類似綠茶和白茶的輕度氧化翡翠青茶，吸引了全世界消費者的目光。在耗費人力的製茶過程中，積極引進機器，用穩定的價格供應品質優良的茶。因為價格體系較公開透明，在很少黑心貨的台灣，不需要成為專家，只要有足夠預算，就可以輕易購買到等級還不錯的茶。

四季如春

　　四季春是偶然在台灣北部的木柵發現的品種。四季春耐寒，在冬天也能收穫，生產效益高，抗病蟲害的能力也很強，在任何地區都可以生長，廣受全台農戶的喜愛。

　　在品茶上花心思，想要尋找出更珍貴且稀少的茶葉時，那種容易購買又價格親民的茶，通常很快就會被排除在視線之外。因此，能夠在某天偶然發現一株自然生成的優良品種茶樹，並在後來逐漸發展為所有人喜愛的茶種，這簡直就是個奇蹟。時機一到，奇蹟自然而然就會走向我們，像春天一樣。

　　如果有人第一次喝台灣茶，我一定會欣然推薦四季春。四季春擁有把鼻子湊近結婚捧花時撲鼻的馥郁花香，也令人想起西瓜的清甜。雖然香氣重，卻不容易煩膩，因為不久後便會陷入其親切的清香魅力中。即便是連一絲溫暖都感覺不到的蕭瑟季節也無所謂，對於四季春而言，一年四季都是可以推出應季新茶的季節。隨著時間的流逝，夜晚又開始比白天更長，這時我就會拿出四季春的茶葉，平靜注入熱水，它是永遠在我們身邊的春天。

四季春

四季如春的茶

乾葉
宛如黃綠相間的珠子，圓圓乾燥的茶葉

葉底
只有邊緣呈現褐色的橄欖綠

水色
帶點玉色的金色

品茗記錄：宛如清新的花束，收集了玉蘭、梔子花等春天盛開的白色花朵。輕盈茶體 (Light Body)。令人想到西瓜的清甜味道。

搭配訣竅：不加牛奶或糖直接喝，或是用基本冰茶、冷泡茶的方式，享受冰涼的茶也很好。把茶泡得濃郁一點，就能夠簡單搭配港式點心或燙青菜等料理。

產地：台灣

茗品季節：一年四季（一年收穫 5-6 次以上）

地點：南投縣名間鄉松柏嶺一帶

地理特徵：台灣南投縣名間鄉位於中央山脈的西部，海拔 300-400 公尺左右，日照充足，地形平坦，年雨量約為 1700 毫米，年均溫為 23℃左右，屬於溫暖濕潤的典型亞熱帶氣候。由於平坦的地形優勢，可以使用機器採葉，因此適合大量生產，可以產出品質穩定、CP 值高的茶葉。

概要：一年四季都會發芽，宛如春季，因此被命名為四季春，這既是茶樹，也是茶的名字。在整體台灣茶產業當中，四季春是最知名的品種之一，也是最廣受台灣人喜愛的茶。

起源：四季春的歷史始於 1946 年木柵地區的茶農張文輝。有一天，他在茶園間無意發現以前從未見過的獨特茶樹，將其繁殖後，從 1960 年左右開始栽種，並以他的名字命名為「輝仔茶」。南投縣名間地區的李彩雲茶農正式將這個品種商品化之後，才有了「四季春」這個名稱。

CHA 茶的季節 與節氣

05

第五個
節氣

清明

春季

西湖龍井
LONGJING

4 月 5 日左右

你是四月天

一小束光線穿透空蕩的樹枝之間落下，不久，花苞四處綻放。變化無常的天空也開始放晴，日漸溫暖，飄動的櫻花瓣就像夢境一樣，落在戀人們的頭上和肩上。終於到了春天的正中間，也就是清明。

這個時期正如節氣的名稱般逐漸清明，世界上的一切都光亮耀眼。眼睛所見之物都在努力變好，甚至有句俗話說：「在清明，就算是枯死的樹木也會發芽。」韓國的植木日被定在與清明相同的 4 月 5 日，也是因為這個原因。

雨和溫柔的風喚醒花苞，綠意漸濃，有人將這個時期的美麗比喻成愛人，寫下了《你是人間的四月天》這首詩，她就是積極活躍在 20 世紀中國文學和思想界的當代名人——林徽因 (1904-1955)。想到林徽因的故鄉浙江省杭州的四月，就會覺得她描述的甜蜜詩句並不誇張。位於錢塘江江口深灣內側的杭州，是連接中國北部和南部的運河終點，也是中國人最喜歡的西湖龍井茶的誕生之地。

龍、獅、虎、雲和梅花

　　杭州擁有往內陸深度延伸的海灣和湖泊，經常起霧。傳統房屋和現代摩天大樓互相融合，城市風光被藍色煙霧籠罩的景色，令人難以掩飾讚嘆的神情。馬可波羅大約在 700 年前來到這裡，讚嘆杭州為「世界上最出色的城市」，不無道理。

　　杭州是歷史悠久的古都，光是在杭州散步就已令人感到心滿意足，但如果想要見到杭州真正的春天，就必須留意城市西邊的湖泊、西湖的東南邊。越過屏風般環繞著湖泊的低矮山脊，再穿過茂密的森林和霧氣之後，視野瞬間變得明亮，此時可以看見每座山谷都被淺綠色嫩芽的柔和光芒所包圍，那就是帶有神祕感的茶園。龍井、獅峰山、虎泡、雲棲和梅家塢，在這五個產地生產的茶就是西湖龍井，也是龍井茶的名稱由來。

　　由於不同地區的茶樹和製茶方法略有差異，西湖龍井也有各自的特色，根據這些地區的名字，取作龍、獅、虎、雲和梅花來辨別。其中最卓越的茶產自獅，也就是獅峰山。清代乾隆皇帝生前非常喜歡茶，在每個著名產地都留下了一個傳說。乾隆皇帝尤其喜歡獅峰山的茶，因而賜官給 18 棵茶樹，並且命名為「十八棵御茶」。皇帝的茶樹至今仍在獅子的山峰底下，迎接了將近 300 回的春天。

清明前採的茶是寶物

對於喜歡西湖龍井茶的人而言，清明格外特別。用清明之前的嫩葉製成的茶，被稱為明前茶，甚至有一句俗語是「明前茶，貴如金」，意指清明之前所採的茶，就像黃金一樣珍貴。

如果你很熟悉綠茶乾燥的茶葉模樣，那當你看到比哈密瓜籽稍大、細長扁平的龍山茶葉時，或許會感到驚訝。清明前的西湖龍井葉子較小，葉尖上泛著金光，就好像褪色一樣，有時候會被誤以為是不新鮮的茶葉，需要特別留意。

被壓扁的茶葉含著水慢慢展開的樣子，宛如花朵盛開，令人著迷。泡出的茶水雖然淡到讓人懷疑茶葉放得太少或浸泡時間太短，但湧入鼻腔裡的清新、香醇氣味就像汆燙過的新鮮野菜，一片清雅的春天田野在眼前展開。新鮮茶葉的微微甜味展現出不容忽視的魅力。

西湖龍井茶的味道本來就很清爽，彷彿瞬間消失無蹤，卻又有一陣清涼感彌留，宛如松樹之間吹來的一陣風。只要喝過一次西湖龍井茶，就會像被下了咒一樣，不由自主等待起清明的蒞臨。林徽因所唱的愛情頌歌當中，如果把「你」比喻成茶，那應該就是西湖龍井茶。透過在清明前夕苦苦等待應季新茶的人說：「你（龍井茶）是人間的四月天。」

西湖龍井

深受中國皇族喜愛的綠茶

乾葉
局部帶有淡黃色的鮮豔綠色，
有光澤、直直伸展開的平坦茶葉

葉底
帶有淺艾草色的嫩芽

水色
晶瑩透亮的玉色

品茗記錄：用墨水一口氣勾勒出的孤傲蘭花。清雅純粹又香氣四溢。輕盈茶體 (Light Body)。喝完帶點餘韻，香醇清淡。

搭配訣竅：直接享受茶本身淡雅的滋味。喝完的茶葉很適合運用在料理上，或是搭配蒸蝦等清淡的海鮮料理，以及竹筍、蘆筍等蔬菜。

產地：中國

茗品季節：清明前後的早春

地點：浙江省西湖附近

地理特徵：茶園海拔在 150-400 公尺左右，年均溫約為 16℃，一年四季溫度皆不低於零下，氣候溫和，降雨量充足，很適合種植茶葉。由於湖海相鄰的地理特徵，常常會起霧，霧氣自然阻斷了陽光直射，讓茶的味道甘甜、幽深。

概要：西湖龍井不只是代表杭州，也是代表中國的名茶，具有「四絕」，色綠、香郁、味甘、形美這四種美麗的特徵，也就是說，顏色是帶有翡翠色澤的鮮豔綠色；香氣濃郁柔和；味道清爽甘甜；小葉子則會讓人想到麻雀的舌頭。

起源：龍井茶的名稱是在明代到清代間才流傳開來，但在西湖一帶栽種茶，起源可以追溯到約 1200 年前。清朝康熙皇帝時期，龍井茶被指定為貢茶，需要進獻給皇室。據說，每年春季都會在西湖搭船、踏青的乾隆皇帝也非常喜歡龍井茶，當他聽到在北京的太后生病後，急忙把西湖龍井茶獻給太后，結果太后不久就恢復了健康。

CHA 茶的季節與節氣

06

第六個
節氣

穀雨

春季

雨前茶
UJEON

4 月 20 日左右

適時降下的甘霖

「你還好嗎？」有時候會毫無預兆接到遠方朋友的電話。在每天忙得喘不過氣，被推著向前走的日子裡，向朋友報告近況並不容易，但當無法放聲哭出的淚水累積在心中、身心俱疲的時候，接到朋友彷彿心電感應般突然打來的久違電話，讓我相當開心。雖然只是一通寒暄的電話，但那簡短的對話彷彿潮水湧入乾涸的稻田，如同適時降下的甘霖，讓我打起了精神。

「好雨知時節，當春乃發生。」好雨會分辨時節，在春天才會降落。這是中國詩聖杜甫 (712-770) 寫的《春夜喜雨》第一句。時候一到，春雨自然會降落，淋濕世界，讓在這地上生長的所有事物得以成長。無論是過去還是現在，春雨都同樣令人驚嘆。穀雨是雨水潤澤萬物的節氣。花凋落的地方長出了新葉，努力生長的綠意逐漸佈滿山林，暗喻著春天即將結束。農夫正式開始迎接農忙時期，在水中種稻，照看水田和旱田。

茶樹也在適時降下的甘霖中成長茁壯。有人說，穀雨過後野菜會變得粗硬，因此從以前開始，穀雨前就會集中採摘茶樹柔嫩的芽，用這些茶葉製成的茶被稱為「雨前」，非常珍貴。在韓國等茶產地緯度較高的國家，雨前會在四月中左右收穫，成為開啟新一年最早的茶。

親近而陌生的韓國茶

在茶的世界中，韓國茶很少受到重視。但根據紀錄，在韓國這塊土地上開始種茶樹已經是 1200 年前的事情，如今環顧韓國，卻依然很少見到平常喜愛喝茶的人，至少可以說，極少人懂得泡茶，多數人會選擇可以簡便飲用的茶包，或者喝進口茶。我第一次陷入茶的世界也不是因為韓國茶，而是英國知名品牌的紅茶。

在韓國南部地區有很多不錯的茶園，雖然頭腦裡知道那裡也是長久以來製茶的地方，但讓人分不清楚是雨前還是細雀的韓國綠茶，莫名有些難以親近和陳腐的形象。雖然在密集的首爾咖啡廳裡都有販售伯爵紅茶，有賣韓國綠茶的地方卻比想像中還少。可以肯定的一點是，這並不代表韓國綠茶本身不夠優異。在遊覽茶產地時，常常會遇到來自不同國家的茶迷，我會帶著稍微超過一萬韓元（約新台幣 250 元）的平價韓國綠茶，作為小禮物送給他們。雖然只是普通水準的茶，但收到禮物的朋友總是感激地說，這是他們人生中最棒的綠茶，就算稍微去掉一些浮誇的成分，韓國綠茶應該也算是值得稱讚的味道吧？

香氣四溢的既視感

韓國的綠茶清淡爽口，不容易膩，這是剛剛提到的他國茶友共同提及的回饋。雖然乍看之下，跟中國的炒青綠茶*很像，但喝起來更方便，清爽的甜味在嘴裡輕盈飄逸。就像是細細磨墨再充分浸濕毛筆之後，在寬大的白紙上，毫不猶豫寫下磅礴字句的氣魄，也像是從黑笠上垂下的翡翠裝飾，璀璨明亮。

* 在鍋裡翻炒製成的綠茶。例如：韓國的雨前和細雀、中國的西湖龍井等。

雨前的味道比一般韓國綠茶更淡一點，尚未伸展的新芽依然很小，就像還在夢境當中的嬰兒。湊近鼻子，聞到那股香氣，也彷彿熟睡嬰兒身上的氣息，散發出帶點奶腥卻香甜的味道。雨前加入檸檬皮煮透，在陽光下曬乾後，就會有嬰兒上衣的舒服香味，也像是從海邊松樹間吹來的鹹鹹海風。雖然第一口有點平淡，但多喝幾次之後，沉澱在心底深處某種被遺忘的情感，就會一下子湧上心頭。雖然沒有印象，但那就像是刻在基因某處的熟悉味道，充滿神祕又優雅的既視感。

　　如果喜歡茶，但不喜歡過於複雜的茶味，那麼我很推薦穀雨時期的雨前茶。希望在品茶的那天，會是一個暖風輕輕吹拂額頭，陽光也悠閒灑落的午後。還保有一些鍋內火溫的稚嫩茶葉，可以在低溫下慢慢舒展，也可以倒入燒開的沸水迅速張開。不一定要使用茶壺，在雙手能夠包覆住的厚實茶碗裡放入茶葉，慢條斯理地啜飲也是不錯的方法。

　　我們一邊喝茶一邊享受泡茶的時間，以及不久之後即將結束的春天。明明是第一次喝的茶，卻莫名感覺熟悉，而且馬上就會想起來，那股因為距離得太近而被遺忘，世上所有媽媽的味道。怎麼能夠不愛上這款茶呢？

雨前茶

一年當中最早的茶

乾葉
帶有金色的短灰綠色茶葉

葉底
帶有淺黃草綠色的圓胖新芽和嫩葉

水色
清淡晶瑩的金綠色

品茗記錄：彷彿剝皮後直接吃的甜栗子。帶有忍冬、艾草和柿子花的香味。雖然清淡，但甜味持久。

搭配訣竅：盡量不搭配茶點，直接品嚐茶的清香。很適合調味清淡的艾草拌飯或蒸糕等，再加上金桔蜜餞、核桃或生栗子等堅果類也不錯。

產地：韓國

茗品季節：清明和穀雨之間

地點：從河東到寶城，越過南海到濟州島

地理特徵：位於蟾津江河口的河東和寶城山、海、江相映成趣，同時擁有大陸性氣候和海洋性氣候，也是韓國降雨量最多的地區。在河東和寶城，退水性好的砂質土比例很高，年均溫在13℃以上，氣候溫暖，適合茶樹生長。

概要：迎接韓國春天的早茶。摘選穀雨前長出的新芽。茶的名稱與地區無關，而是以採葉時期命名，韓國位於智異山下方的所有茶產地幾乎都有生產。

起源：根據《三國史記》記載：「新國興德王3年（西元828年）從唐朝歸來的大廉使臣，帶回了茶樹種子，王下令在智異山種植。雖然茶在善德女王時期就有了，但直至此時才開始繁盛。」這是關於韓國茶最早的紀錄。

夏
Summer

五月的樹木歌頌起新綠讚頌，讓綠意隨著炎熱的天氣，密集覆蓋住整個世界。以從喜馬拉雅傳來的大吉嶺晚春消息為開端，在暑假啜飲著香甜清涼的白茶，避開酷暑，前往正山小種以幽靜松煙香描繪出的武夷山秘境。這是一個令人興奮的時期，可以盡情享受世界各國的應季新茶。

CHA 茶的季節與節氣

07

第七個
節氣

立夏

夏季

**大吉嶺
春摘茶**
DARJILING
IST FLUSH

5 月 5 日左右

夏天開始的地方

閉上眼睛打開門，像往常一樣，不知從何時開始，猜測不出年代的老舊內燃機所吐出的刺鼻煙氣和灰塵最先湧來，再邁出一步，就會有某種令人不愉快的腐爛甜膩香味，夾雜在白檀香當中，在悶熱的大氣中懶洋洋地縈繞著。照在頭頂的陽光直接鑽進頭皮裡，彷彿下一刻就會著起火來。

黃色計程車不顧擠滿路上的行人，以各自的速度行駛，攤販則一路排開至馬路邊緣，這一切很理所當然，在這裡無論車子還是行人都沒有在看紅綠燈。為了驅趕飛蟲而點起薰香，在瀰漫的煙氣另一邊，青檸和比人還高的甘蔗一同被擠進榨汁機裡。在難得一見的巨大冰塊底下，匯集了甜蜜的果汁，將它裝進陶瓷杯裡細細啜飲，才終於有到達四季如夏的城市 ── 印度加爾各答 (Kolkata) 的感覺。

加爾各答曾被稱為 Calcutta，是英屬印度帝國最大且最華麗的代表城市。自 17 世紀末，英國東印度公司奠定地位之後，加爾各答一直引領西方世界的茶葉貿易，隨著阿薩姆和大吉嶺建立起大型茶園，加爾各答躍升為世界茶產業的中心。至今，印度所有茶公司幾乎都聚集於此，世界最大規模的茶拍賣也會在加爾各答舉辦，所以我總是在這裡開啟我的茶之旅。

倒轉季節的大吉嶺

參觀完加爾各答大大小小的茶公司，並整理完探訪茶園的行程後，我離開了夏天的城市，前去與喜馬拉雅的春天見面。從被烈陽照射的機場出來，搭車大約花一個小時，穿過茂密的森林之中，時間好像在不知不覺間倒轉了，從夏天回到春天。氣溫已變得冰涼，如果打開車窗，就需要從包包裡拿出開襟衫禦寒。第一次來到這裡的茶迷彷彿進入樂園，每當經過羅西尼 (Rohini)、馬凱巴利 (Makaibari)、瑪格麗特希望 (Margaret's Hope)、凱瑟頓 (Castleton) 等令人熟悉的標誌牌，都會大聲歡呼，但此時僅是旅程的開始，在抵達大吉嶺市區之前，必須夾在陡峭的山壁中，搖搖晃晃度過將近三個小時的山路。

19 世紀的英國人把原本無人居住、海拔 2000 公尺的石頭山大吉嶺，改造成世界最知名的茶園，他們把敬愛的中國武夷山茶樹種在喜馬拉雅山的山坡上，奠定了新的基礎，但自此之後，再也沒有在其他地方發生這種奇蹟。所以大吉嶺的茶比其他地區的茶更加珍貴，它可以說是英國開啟的茶產業時代當中，最為特別的紅茶。

整個冬天都沉睡在美夢中的茶樹，終於伸懶腰，開始發芽，這就是第一個茗品季節，也就是春天第一次採收的春摘 (1st Flush)。這個時候的茶迷，為了品嚐當年最早的新茶而滿心焦急，希望盡早推出新茶的茶商也紛紛忙碌起來。挑選茶，經過層層關卡，再向客人介紹新茶，春天在不知不覺間悄悄結束。

春摘的戰爭

茶園每年出貨的茶都會標上批次編號，因此當年第一批茶，發貨單號碼就是 1 號，例如 DJ-1、EX-1。隨著人們對茶葉的關注度越來越高，誰最先推出第一批新茶的競爭也越來越激烈。有些商人會把在低窪地區採收，很難被視為大吉嶺地區的茶，標示為春摘茶，也會用人工方式提高溫度讓茶樹提早長出新芽。這種茶價格高得離譜，味道卻有些平淡，無關喜好，建議儘量避免。

消費者對於最早茶的渴望，將春摘茶的地位提升到大吉嶺三季中的巔峰，為了滿足茶迷的期待，許多以前從未見過的魅力茶種開始出現。

知名品牌季節限定的大吉嶺茶葉，銀色絨毛極其顯眼，美麗的茶葉既大片又毫無破損，它來自英國茶廠主人第一次在這裡種植的、與中國小葉種不同的新品種。這款茶最令人印象深刻的是，讓人聯想到優雅花香和熱帶水果的異國情調，以及香甜的氣味。對於熟悉綠茶的茶迷而言，也是轉變對紅茶印象的契機。

只有在立夏時才能品嚐到的當年春摘茶，味道就像透明照射在新葉上的早晨陽光。雖然看不到，卻用香氣在人們面前展示出搖曳的五月相思樹、閃耀在皎潔滿月下的桂花樹、在清晨陰影下羞澀綻放的鈴蘭花，以及清脆咬下一口，汁液就會沿著下巴流下來的飽滿西瓜。

有時候像檸檬糖一樣，清爽甘甜，也像楤木芽等山菜一樣，苦澀卻吸引人。在烘乾茶的時候，火味尚未散去的新茶也會有烤好的菠蘿麵包或奶油酥餅的香醇味道。單一莊園茶會以製茶的農園名稱命名，泡完一次後，可以不要扔掉再泡一次，或者使用蓋碗在短時間內重複沖泡。

五月，所有人都在與各自的春天道別，迎接新的季節，但我的夏天之門好像仍在加爾各答和大吉嶺之間的某處。打開那道門，倒轉季節，在這段旅程中，希望你一定要品嚐一下我精心挑選的大吉嶺春摘茶。就像在夏天的入口回想起的某日陽光，光看到它的身影就已是燦爛發光的茶。

大吉嶺春摘茶

在春天收穫的大吉嶺茶

大吉嶺春摘茶爾利亞茶莊・鑽石
Darjeeling 1st Flush Arya Tea Estate Diamond

乾葉
融合銀色毫尖和不同深淺的綠色鬆散乾燥茶葉

葉底
淡橄欖綠嫩葉，偶爾邊緣為紅色

水色
清淡的蜜色

品茗記錄： 具有茉莉花、百合、桂花等白花和春天野菜的苦澀、香甜的味道，以及輕快的收斂性。輕盈茶體 (Light Body)。讓人想起熱帶水果的甜蜜香氣。

搭配訣竅：建議直接喝茶。可以用冰水泡茶，享受清爽的甜味，也推薦像香檳一樣，用沒有香味和甜味的氣泡水冷泡。很適合搭配蒸白魚肉，或使用柑橘水果製作的慕斯蛋糕和蛋塔。

產地：印度

茗品季節：3-4 月

地點：西孟加拉邦大吉嶺城鎮 (Darjeeling Town) 外圍

地理特徵：在地圖上，爾利亞茶莊雖然就在大吉嶺市中心的旁邊，但也是大吉嶺茶園中數一數二險峻的地方，除了相關人員以外，其他人很難接近，因此自然環境保存完好，茶樹就生長在海拔 900-1820 公尺的山坡上。受喜馬拉雅高山地區常見的微氣候*影響，各區域的降雨量和日照量都有些微差異。

概要：在最高茶園收穫的特別產品上，會貼上「鑽石 (diamond)」的名稱，這種營銷方式獨樹一職，吸引了世界各地的茶迷。

起源：爾利亞茶莊原本被稱為西德拉邦 (Sidrabong)，1885 年，幾名佛教僧侶於此處種植中國小葉種茶樹。他們把新建的茶莊命名為「爾利亞 (Arya)」，在梵語中的意思為「尊敬」。1999 年經歷了茶工廠被燒毀的危機，重建之後，為了克服地形上的侷限，將整個區域轉換為有機農法，積極引進中國和台灣的製茶方式，是 2000 年代引領大吉嶺茶發展的先驅。

* 微氣候：Microclimate，指在一個小範圍內，形成與周遭環境不同的氣候，例如海拔高度落差很大的山頂和山腳，或是城市的熱島現象。

大吉嶺的
故事

LESSON

雷電之地

印度大吉嶺 (Darjeeling) 是一個小城市，位於尼泊爾和不丹之間的喜馬拉雅高山地帶。多傑林 (Dorje Ling) 在當地語言具有「雷電之地」的美麗含意，這個地方總是被濃厚的雲霧包圍，茶樹看起來就像在霧氣之中蜷縮著身體入睡的綠色羊群，一排排密集地填滿了海拔 1000 公尺以下至 2100 公尺的山谷。

大吉嶺是英國人最珍惜的茶產地，也是他們建造的茶園當中，唯一沒有 CTC*工廠的地方。在南印度或斯里蘭卡廣泛用來切茶葉的螺旋壓榨式揉捻機，在大吉嶺也幾乎不會使用。雖然大吉嶺只有生產印度整體茶產量的 1%，但每到茗品季節，全世界的茶迷都會格外關注這個地方。

沿襲至今的古老茶園

這裡本來是位於大吉嶺上方的錫金王國土地，由於英國東印度公司在與尼泊爾的領土紛爭中幫助了錫金，於是得以在 1835 年長期租下這個地方，並於 1865 年將現在的整個大吉嶺地區編入英

---

*CTC：利用機器將茶葉碾碎 (Crush)、撕開 (Tear)、揉捲 (Curl) 成細小圓粒，方便快速沖泡出茶湯的製茶方式。

國領土。一開始租借時，英國東印度公司認為大吉嶺的霧氣和涼爽氣候與英國相似，打算建立英國軍人的療養院，但 1841 年擔任該地區首任地方官員的阿奇博爾德‧坎貝爾博士 (Archibald Campbell)，他的想法有些不同。坎貝爾博士為知名植物學家，他注意到大吉嶺的氣候和地理特徵類似中國福建省的武夷山，並在其位於比奇伍 (Beechwood) 的住家附近成功種出茶樹。

此後，阿盧巴里 (Alubari)、斯坦塔 (Steinthal)、杜克瓦 (Tukvah) 也在 1852 年設立實驗農場，從這三個地方開始，逐漸擴大種植地區，目前大吉嶺有超過 80 個茶園在積極營運中。現在還有不少地方仍在沿用當時的設備，非常了不起。

茶樹的一年

大吉嶺一年有三次茗品季節，三個季節都有各自的個性，很難說哪一個最為出色。

冬天的休耕期結束後，第一次長出新芽的是春摘茶 (1st Flush)。在三月中旬初，印度的迎春慶典「侯麗節 (Holi)」時期，就會開始收穫。特徵為輕度氧化而呈淡金色的色澤、春天野花般的華麗香氣，以及具有收斂性的輕快滋味。

春收結束後，休息十天到半個月，在五月中旬到五月底開啟夏摘 (2nd Flush) 的季節。此時雨季還未開始，持續炎熱潮溼的天氣會造成吸食茶葉汁液的蟲子大量繁衍，在這時候收穫的茶葉，以大吉嶺獨特的「麝香葡萄風味 (Muscatel Flavor)」為特徵。

雨季結束後，就是可以在大吉嶺見到罕見晴空的秋摘 (Autumnal)。此時，印度會舉辦印度教的新年慶典「排燈節 (Diwali)」。這個時期的茶樹彷彿獲得了神明的呵護，非常甘甜，第一次接觸茶的人也可以毫無隔閡地享受。

享受大吉嶺

大吉嶺不只有茶，也是充分具有魅力的村落。陡峭的山坡上，密密麻麻佈滿許多很像藤壺的五顏六色房子，被精心栽培的花朵裝飾得很漂亮。從尼泊爾和錫金來的山岳民族長得跟我們如此相似，令人感到親近無比。這裡也有類似刀削麵和麵疙瘩的料理，還有販賣被稱為饃饃的小水餃。

在吉靈萬山廣場 (Chowrasta) 有印度最久的書店之一——牛津書店 (Oxford Book Store)，在那裡匯集了世界上所有關於大吉嶺的書籍，從中挑完喜歡的書籍再沿著下坡往下走，就會看到在大吉嶺賣茶超過 80 年的老店舖——納斯穆爾 (Nathmull's)，坐在這個茶室的露臺有一個缺點，那就是會因為大吉嶺的風景而無法專心看書。

大吉嶺一開始就是由歐洲人打理，比印度的其他地區還要乾淨、舒適。由於高山地區的涼爽氣候，在街上吃東西後拉肚子的情況相對較少，且具有很多販賣老式西餐的店家，可以享受到多樣化的食物。

如果有一些預算，也可以把假期花在大吉嶺北邊，由格倫本茶莊 (Glenburn Tea Estate) 經營的飯店。飯店的房內有管理得當的個別庭院，在管家和僕人的細心服務下，無論何時都可以啜飲到大吉嶺最棒的茶，享受 19 世紀貴族般的奢華待遇。

格倫本茶莊經營的渡假飯店

大吉嶺的未來

雖然大吉嶺如此美麗，但很可惜的是，它的未來並不那麼明朗。近十年間，印度內需經濟非常活躍，旅遊業也得到了很大的發展，但支撐這個地區經濟的依舊是傳統茶產業。2017 年的罷工事件劇烈衝擊了大吉嶺夏摘季節，創傷還未完全恢復，又迎來2020 年的新冠疫情大流行，大吉嶺正陷入最惡劣的困境之中。

大吉嶺以前也不是沒有遭遇過危機。蘇聯解體讓大吉嶺的經濟受到很大的打擊，此後德國等西歐國家和日本成為了新的市場，為了迎合他們的喜好，大吉嶺茶園從 1990 年代中後期開始持續轉換為綠色經營，以及開發新品種的高級茶葉。擁有甜蜜香氣和銀色毫尖的美麗大吉嶺春摘茶、爾利亞茶莊的鑽石茶，以及凱瑟頓茶莊 (Castleton) 的月光茶 (Moonlight Tea) 就是在這些動盪之下所誕生。

我真心期望大吉嶺的茶園能夠順利克服眼前的困境，在瞬息萬變的世界茶市場中找回傳統的強者風貌。就像過去一樣，他們總是能找到新的解決辦法。

大吉嶺市內的聖若瑟學校 (St. Joseph's School)，
由英國人於 1888 年所建造。

在春摘季節採摘茶葉的昆緹茶園 (Goomtee T.E.) 採茶工。

CHA 茶的季節
與節氣

08

第八個
節氣

小滿

夏季

抹茶
MATCHA

5 月 21 日左右

另一個春荒

有時候很混亂、很崩潰，要裝在並不寬闊的心裡的東西，怎麼會那麼多？我經常會失去控制。一年當中有幾天是沒有一絲遺憾，懷抱著暢快的心情入睡呢？雖然人生因為不如意而更加精采、有趣，但世界並不是被天鵝絨包裹的巧克力盒，有時候裡面隱藏著連大人都難以承受的苦澀和刺痛。

越過夏天的門，世間萬物逐漸成長至滿盈的節氣就是小滿，視線所及之處充滿了生機，非常耀眼。櫻桃和野草莓飽滿，圍牆上的海棠花和紅色玫瑰盛開。雖然日子如此美好富饒，但所有作物都還沒有完全成熟，因此以前依賴農耕的人格外害怕這個時期，將它稱為春荒。

當春荒逐漸乾涸的時候，麥田越來越富足，人們會咀嚼著苦澀的草，挺過黎明前的黑暗。雖然現在的人們不像以前那樣的貧窮，但生活依舊艱難，有時候也會覺得除了我以外，其他人看起來都格外幸福，即使不想看，眼光也會被吸引。當內心快要失去平衡，墜入深淵的時候，我會泡一杯抹茶。

連同茶葉徹底飲用

抹茶顧名思義就是磨成粉末的茶。雖然說是泡茶，但不需要過濾茶葉，而是攪拌起泡，連同粉末品嚐。這種飲用方法被稱為「點茶法」，是中國宋代和韓國高麗時代廣泛使用的方法。抹茶直到 1191 年，也就是鎌倉幕府初期才傳入日本，雖然日本是中日韓三國中，飲茶文化最晚起步的一個國家，但有趣的一點是，這樣的飲茶方式在之後的中國和韓國都逐漸被散茶型態的茶葉取代，日本的茶道文化卻仍以抹茶為中心延續至今。

也許是因為茶道需要靜坐，並在嚴肅的氣氛中製茶的形象，許多人覺得抹茶很有距離感。但實際上，抹茶的飲用方法最是簡單方便，只要有茶和茶筅（抹茶刷），以及適當大小的茶盞就足夠了。因為抹茶會連同茶葉一起飲用，茶具的清潔也很簡單。或許可以把抹茶想成是香氣不同的微苦麵茶。2000 年以後，多虧北美的茶迷，抹茶的人氣突然上升，他們會用以電池驅動的電動打泡器打出泡沫喝，或者直接做成奶昔。

現在大部分的泡茶法都是用熱水泡過茶葉後，再過濾茶葉飲用。也就是說，茶葉中雖然含有多種有益物質，但我們能夠攝取的就只有可溶於水中的部分成分。相較之下，抹茶可以喝到完整的茶葉，這也是抹茶最近在世界上備受矚目的原因之一。

洗滌心靈的茶飲

一旦下定決心要泡茶，就需要先動身。燒開水、預熱茶盞和茶筅，之後用茶匙舀滿一次、兩次、三次篩好的茶粉，倒入瓷碗底或角落。越是活動雙手，思緒就會越少，苦惱也會減輕。把冒著水蒸氣的熱水均勻倒入抹茶中，用茶筅稍微攪散，開始擊拂。擊拂的動作，就像是在瓷碗底畫一個心字一樣，用茶筅快速攪動濃稠的茶水，茶筅的分枝之間就會出現美麗的淡綠色泡沫。

手中溫暖的茶盞就像活著一樣，裡面盛裝的也許不是茶水，而是我混濁不清的心靈。在混亂的心裡放進茶筅，像梳毛一樣輕快地擺動起手。擊拂結束後，小心破壞泡沫，抓著茶筅的手輕輕轉動提起，瓷碗中間綻放出突起的乳花，即算完成。

茶水不知從何時開始逐漸濃稠，就像是長在學校後院池塘的綠藻一樣，想到要一口喝下這看不見底的濃綠茶水，多少令人覺得可怕。不過一旦克服第一印象，喝下第一口之後，覆蓋在嘴唇上的鬆軟雲乳，便會為你帶來初夏的新綠。

抹茶乍看之下好像很苦澀，但抹茶基本上都是在覆蓋遮光板的狀態下栽培，茶葉柔嫩，味道不澀且甘甜，就像細嚼慢嚥的草食性動物一樣，安靜且平和地降臨。在濃密綠蔭席捲過的地方留下苦澀，那味道就像是從森林另一邊吹來的微風，清涼爽快。

　　最近幾年間，越來越多人把茶視為治癒的媒介。但當療癒這個詞進駐我們身邊的時候，我更希望人們可以徹底享受茶本身。隨著泡茶這件事情被賦予特別的意義，以及添上越多沉重的修飾語，茶就會離日常越來越遠。

　　茶只是一種嗜好性飲料，並不能做什麼。燒開水、加熱茶杯的熟悉動作可以清空頭腦，擊拂抹茶可以梳理心靈，這些都不是因為茶，而是因為自己親自做了這些事情。所以不要被外表迷惑，必須抓住心，在韓文中有句話是「只有操心」，意指只需要專注在自己的行為上。只要記得這一點，就可以堂堂正正面對再次到來的心靈春荒。

濃茶與薄茶

　　在日本茶道中，抹茶大致分為兩種。一般茶室常見的是薄茶；另一種則是濃茶，茶葉用量為薄茶的兩倍，並且將水量減半，呈濃稠的狀態，主要是為了茶會所準備。濃茶的原則不是獨自飲用，而是需要和參與茶會的人一起傳遞瓷碗，讓每個人都喝上一口。兩種茶原則上都採用遮光栽培的茶葉，但一般來說，濃茶會比薄茶更為昂貴。摘自樹齡幾十年到百年的老茶樹，在嚴格的遮光栽培下長出的嫩葉，就是濃茶的原料，味道濃郁而醇厚，帶有微妙的甘甜。產品名稱以「～昔」結尾的茶，多為濃茶所使用的抹茶。

抹茶

從宋代流傳至今的原型茶

乾葉
整齊貼合的亮綠色細粉

水色
不透明的翠綠色

品茗記錄：像絲絨般柔順的口感。厚重茶體 (Full Body)。帶有大麥苗與海帶般，大海和綠蔭交織的濃郁鮮味，清涼爽口。

搭配訣竅：在日本的茶會中，會先吃甜菓子再喝抹茶。適合搭配紅豆、巧克力或奶油等濃郁的厚重甜點。

產地：日本

茗品季節：5-6 月

地點：京都府相樂部和束町一帶

地理特徵：位於京都附近的宇治市東南邊，以和束町為中心的山區。雖然行政區域並不是宇治市，但在這裡生長的茶卻被稱為宇治茶。從平地到山坡上都建有綠色茶園，海拔高度沒有像其他區域那麼高，但是排水性良好，日夜溫差大，附近有江河，因此經常起霧。此地的茶樹不會種植得過於密集。

概要：宇治是日本的代表性茶產地，持續引領以京都為中心的日本茶文化。雖然規模比靜岡和鹿兒島小，但在裏千家或表千家等日本主要茶道流派的茶會當中，這款茶具有不可動搖的地位。

起源：現今市面上常見的單葉型態從明代開始出現。在此之前，茶葉需要經過氣蒸，運用模具製成塊狀的餅茶。宋代流行用石磨將茶葉磨成細細的粉末，再用粉末泡出泡沫的點茶法。1191 年鎌倉幕府初期，在南宋留學的榮西禪師回國後，將抹茶和點茶法傳到日本，並開始在京都南邊的宇治一帶種植茶樹。

泡抹茶的
方法

我們所熟悉的抹茶是日本茶道的薄茶。把熱水倒入茶粉中,充分
攪拌出泡沫後,即可飲用。泡沫是細緻還是粗糙並不重要,不要
結塊才是關鍵。

HOW TO MAKE

1. 同時預熱茶碗和茶筅。

2. 用茶匙舀兩次抹茶，放入茶碗。

3. 倒入剛好可以浸濕茶粉的少量
　熱水，稍微攪拌一下。

4. 倒入約 50 到 70 毫升的 95℃水，用茶筅擊拂。

5. 將較大的泡沫推至茶碗壁上弄破。

抹茶阿法奇朵 Matcha Affogato

雖然濃茶在日本茶道當中，是比薄茶更進階的茶。但在冰淇淋上面倒入濃茶，卻可以簡單做出任何人都喜歡的抹茶阿法奇朵。這並不需要厲害的手藝，只要倒入足以拌開茶粉的熱水，再攪拌它，不要讓茶結塊即可。把冰淇淋盛裝到凹陷的碗或低矮的杯子裡，讓濃茶可以流下去。另外，也很適合再搭配餅乾、果乾、堅果等，增加不同口感。

CHA 茶的季節 與節氣

09

第九個
節氣

芒種

夏季

白毫烏龍
WHITE-TIP OOLONG TEA

6 月 5 日左右

夏收

當梅子長成熟透的綠色，就是可以收穫大麥的時候。在南部地區，收割完大麥就必須馬上在原地插秧，此時是一年當中最忙碌的時期，節氣名稱也叫做芒種，意思是「有芒刺的穀物」，也就是這個時期的主角——水稻和大麥。無論如何都必須在芒種之前收成大麥，因為只有這樣才能在原本的田地裡灌滿水，把嫩綠色的幼苗從秧田移到水田。

漫長得彷彿會持續到永遠的春荒期結束後，終於迎來難得的小豐饒，以前的人將其稱為夏收。無論農活有多麼辛苦，只要播種、細心照顧，總有一天會結成果實。就像日昇日落一樣，通常只要努力就可以得到期待的成果。

人們不知不覺離開田地來到了都市，不再仰望天空，而開始越來越常審視自己。如果可以感謝所擁有的事物，熱愛構成自我的一切，那當然再好不過，但我們能做的卻只有避開憂鬱激起的黑暗波濤，盡量走到有陽光照射的地方。因此，我有時候很羨慕以前農耕社會所享有的，微小卻無瑕的成就。

蟲蛀的轉機

　　但是有些缺陷會在芒種的時候綻放，散發出既優雅又香甜的味道，讓人不得不回首。那就是經常被稱為「東方美人」的白毫烏龍。普通青茶不是用幼芽，而是用已經充分生長、平均含有各種成分的葉子製成，但白毫烏龍是個例外。在採摘白毫烏龍時，會摘取銀白絨毛覆蓋的芽，再加上一、兩片在那之下的嫩葉，這就是名稱的由來。

　　但這款茶比起青茶，更像紅茶，不僅採葉標準如此，氧化程度也較高。邊緣帶金發亮的琥珀茶色、閃耀著銀白色光澤的銀色毫尖，以及充分氧化後，混合了暗綠色和紅褐色的茶葉，乍看之下就像是大吉嶺的夏收紅茶。

　　不僅如此，白毫烏龍也像大吉嶺帶有麝香葡萄風味一般，具有豐富的花香和蜜餞似的香甜和華麗滋味，因此被稱為「香檳烏龍」。優雅華麗的白毫烏龍有時候會讓人誤會是不是偷偷加了香料。白毫烏龍與其他茶最大的差異點，就是它特有的香氣源自於被蟲蛀的葉子。

進入六月之後，氣溫逐漸上升，在雨季正式來臨之前、悶熱的天氣持續之際，茶樹的芽或嫩葉後面就會黏著看起來像亮綠色小芝麻的東西，那就是小綠葉蟬，這種蟲在韓國經常造成水蜜桃或柑橘農戶的損失。

茶也是一種農作物，蟲害是每個茶農都很擔心的嚴重問題，因此剛開始沒有人想到要用被小綠葉蟬吸食過的茶葉來製茶。但有人覺得丟掉很可惜，便把被蟲蛀的茶葉搜集起來做成了茶，並意外發現那種茶的香氣格外濃郁。他開始以意想不到的高價賣茶，並把消息往外傳出去，大部分的人都不相信他，以為他在說大話，因此這款茶一度被稱為「膨風茶」。不過儘管現在白毫烏龍的產量極少，卻已是全世界茶迷翹首以待的茶，也是台灣最具有代表性的茶款之一。

因為缺陷而更完整

明明只是葉子，怎麼會有這麼濃郁豐富的香味呢？雖然根據茶的不同，有時可以倒入滾燙的水，但如果想要仔細感受細膩的香氣，可以稍微把水放涼再泡茶。帶有白毫的乾癟茶葉慢慢吸附水分、散發香氣，讓人想起芒刺絨毛的觸感，以及在果園裡度過的那個夏天。

蜜蜂忙碌穿梭在散發出酸甜香氣的野薔薇花叢，以及晨光般的夏枯草之間。熟透的柔軟果實在白天的陽光下彷彿擁有了生命，生機勃勃且具有溫度。在野薔薇的陰影之下剝去果皮，白色光滑的果肉有著夏日的陽光氣息，一口咬下後，溢出的果汁讓雙手黏膩不適，卻令人心滿意足。

　　白毫烏龍茶就像精雕細琢的黃玉一樣玲瓏剔透，肆意在舌上滾動、讓鼻腔一亮，黏稠地流過喉嚨。這個香味令人懷疑是糖漬黃梅逐漸發酵的味道，也好像百香果雪酪上面的橙花花蜜，雖然清爽，卻華麗且具有深度。在這個猶如夏夜般漫長而甜蜜的餘韻結束之際，也許就會發現隱藏在這個季節中，世界運作的祕密——有了缺陷，才讓我們更完整。

白毫烏龍

魅惑西方的東方美人

乾葉
圍繞著白色絨毛的嫩芽,融合黃色、紅色和綠色
等五種顏色的螺旋狀茶葉。

葉底
具有光澤的褐色葉子,邊緣帶有紅色

水色
閃爍著橘紅光芒的橙黃色

品茗記錄:溫和優雅的香味,彷彿成熟的核果類水果以及蜂蜜,
餘韻悠長高雅。甜蜜的口感就像果凍一樣滑順,具有黏稠感。

搭配訣竅:如果想要享受完整的香氣時,建議單獨飲用。除此之
外,可以搭配水蜜桃罐頭加瑪斯卡邦乳酪,或者加入夏季水果和
微微凝固的果凍等,以水果風味為主、口感輕盈的甜點。

產地：台灣

茗品季節：5 月下旬到 6 月中旬／有時候 10 月中旬也會生產

地點：新竹、苗栗、桃園等

地理特徵：白毫烏龍的代表產地是桃園、新竹、苗栗，合稱桃竹苗茶區。生產白毫烏龍的茶園並不是位於沿海的市中心，而是內陸山區，茶園的坡度整體上較平緩，海拔高度為 300-600 公尺左右，並不算高。

概要：特徵是小綠葉蟬啃噬後，茶葉散發出的獨特香氣，是少見用嫩芽製作的青茶，通常被稱為「東方美人」。在台灣政府認證的優良茶評鑑中，白毫烏龍通常是最高價的茶。

起源：現在的白毫烏龍製法大約是在日本殖民時期所確立，當時白毫烏龍被稱為「膨風茶」。根據記載，1930 年代後期，新竹縣北埔一名叫做姜阿新的企業家，在三井農林株式會社（日本日東紅茶的前身）的協助下，進行紅茶、綠茶和膨風茶的銷售。

由於「膨風茶」的名稱觀感不佳，因此在優良茶評鑑開始舉辦的 1970 年代，台灣茶協會就將白毫烏龍取名為東方美人。

CHA

10

第十個

節氣

夏至

夏季

白毫銀針

BAIHAO
YINZHEN

6 月 21 日左右

借來的夏日

　　小時候的一天格外悠長，放學回家後，也有很多事可以做。去後山採野草莓，在墓園附近玩躲貓貓，去朋友家盡情觀看各家庭的書架後，下午五點一起坐在電視前看卡通看到出神，最後在媽媽喊吃飯的叫喚聲中，慢慢晃回家，到餐桌面前坐下。

　　隨著太陽掛在天上的時間越久、影子越短，我們的一天就越長。吃完晚餐後，天色依然明亮，就像是重新回到了白天。吃飽後急匆匆放下碗筷衝出門，緊接著盪鞦韆、建沙堡，跟著出來的大人們通常會坐在長椅上，悠閒搧著扇子，談笑風生。

　　當酷暑來臨的時候，媽媽偶爾會問：「今天要不要出去吃冷麵？」直到離開家裡、有了自己的家庭，每天站在廚房裡的現在，我才知道為什麼每到這個時候，媽媽都會想要在外面吃飯。當時的我不知道原因，聽到要在外面吃飯就開心得跟在媽媽身後蹦蹦跳跳。將有許多小碎冰的牛肉湯和蘿蔔泡菜冷湯倒在細長 Q 彈的灰色麵條上，酸甜的水冷麵就完成了，很適合搭配成人拳頭大小的蒸餃一起吃。

保持茶葉原樣的茶

雖然沒辦法像冷麵一樣清涼，但有一款茶可以讓人暫時忘卻白天長時間照射的炎熱陽光。白茶擁有滋潤光澤的銀色絨毛，毫無瑕疵地保留了原葉的模樣，不僅外觀美麗，自古以來也會被用來當作退燒、鎮定發炎的天然藥物。白茶的製作方法是六種茶系當中最簡單的，只要摘採茶葉，慢慢曬乾即可。製作白茶的不是人，而是那天的太陽與風。

白茶的製作儘量不經由人手，最大限度地減少加工，等待茶自然呈現出原本的性質。這款茶可以說是既不違反自然的規則，又保持茶葉原本的樣子，展現出了最純粹的型態。如果以前道家的思想家知道白茶的存在，那他們或許會讚嘆道：「這款茶達到了夢寐以求的無為理想。」

但是人為過程越少，也代表氣候或天氣等人類無法控制的因素越多。如果壓到茶葉可能會產生痕跡，因此不能一口氣採摘大量茶葉。而且茶葉需要鋪開曬乾，必須佔據很大的位置，一旦感覺要下雨了，就必須趕快收起來。

平壤冷麵與白毫銀針

有些人在茶館裡不會打開茶單，而是直接說：「請給我店裡最貴的茶。」這種情況如果是在西方的茶館，應該有很高的機率會遇到帶有銀色毫針的茶葉。還沒有完全展開的嫩芽彷彿在柔軟的絨毛下酣睡，看起來就像名字銀針一樣。首次製作這款茶的產地，位於 19 世紀末全球商人紛沓而至的中國福建省海岸的福鼎地區。

當時，白毫銀針十分稀貴。據說，歐洲上流社會在迎接貴賓的時候，會在紅茶裡加入一些白毫銀針。當時的習慣流傳到了現在，歐洲茶公司的混合茶當中，常常會看到稀疏的幾縷白毫銀針茶葉，但幾乎不會影響到茶的味道。

因為這是市場中最貴的茶，難免令人好奇到底有多麼屬害，但如果是至今從來沒有喝過白毫銀針的人，第一次喝時會有很高的機率感到失望。白毫銀針偶爾帶有一點腥味，喝起來彷彿無滋無味，但又好像可以嚐到那麼一點甜味，有些人可能會以為老闆是不是忘記放茶葉了，就像我第一次吃平壤冷麵時一樣困惑。

乙支路平壤冷麵專賣店裡滿是老人，當我第一次走進店裡的時候，我本來滿心懷念的是故鄉的酸甜冷麵，一看到完全沒有碎冰的清澈肉湯和樸素的配菜時，失望感首先向我襲來。儘管如此，淡而無味的第一口記憶都還沒消失，回神仔細一看，我竟已不知不覺提起碗，將碗裡的湯喝得一乾二淨。

腦中含糊的第一印象還未消散，身體已經陷入它們的魅力之中。在這一點上，平壤冷麵和白毫銀針兩者多少有些相似。一開始很多人都說白毫銀針沒什麼味道，但神奇的是，依然會被那無臭無味吸引，喝下一口再一口，不知不覺間，每當吸氣和吐氣，都會靜靜散發出不曉得是木蓮花苞還是蘭花的香氣。

就連隱藏在花蜜香味背後的辛辣刺鼻，都令人感到困惑。歪著頭喝了水，水裡似乎也有茶的味道。雖然水裡沒有加任何東西，但舌頭上卻凝結著甜味，我因而嚥了嚥口水。在炎熱的夏日裡，汗流浹背喝著熱茶，卻感覺頭上好像吹來了一陣涼風，宛如在白天熱氣尚未完全散去的深夜裡，喝下一口老舊井底映照出皎潔月亮的清水，又涼又甜。既像是嬰兒清澈的眼睛，也像是老人智慧的眼神。

酷暑到來，即使只是在人群中與行人擦肩而過也讓人煩躁的日子越來越多。在無法控制的熱氣之中，我推薦喝一杯清澈涼爽的白毫銀針。以這種可以在漫長的夏至白天裡，重複泡好幾次的奇妙茶種，一起為夜晚的季節做準備吧！

　　雖然歷歷在目的稚嫩時期已經結束，但在日益加速流逝的當下時間裡，我們的夏日童年不會失去光芒，每年那個季節回來的時候，都會乘著回憶之名變得更加閃耀。正如莎士比亞歌頌的那樣，夏天只不過是借來的，時候到了就會逐漸消失，但希望那燦爛無比的美麗，在我們心中成為永恆。

白毫銀針

席捲上流階層的白茶之王

乾葉
被濃密銀毛覆蓋的厚重針狀芽

葉底
明暗共存的淡橄欖色。充分浸泡後，茶葉也不
會全部展開，如果打開裡面，會看到藏起來的
三根小嫩芽。

水色
接近純水的透明杏色

品茗記錄：似有似無，新鮮但隱微的味道，彷彿旁邊有小鹿和兔
子的深林泉水。擁有越泡越明顯的甜味。輕盈茶體 (Light
Body)。毫香很像剛煮好的飯，或者脫殼磨碎的新鮮蕎麥香味。

搭配訣竅： 推薦直接品嚐茶本身的滋味。建議搭配白米蒸糕等清淡的糕點，或者沒有加奶油的清淡素食餅乾，也很適合搭配當季好吃的蒸馬鈴薯。用溫水稍微浸泡，再冷泡一天左右做成冷茶很不錯，但也很推薦在夏天泡成熱飲。

產地： 中國

茗品季節： 3 月底到 4 月的晴朗春天

地點： 以福建省福鼎與政和為中心，到建陽、松溪等

地理特徵： 中國福建省有八成是山，剩下的兩成是海。白毫銀針的故鄉福鼎是個美麗的地方，前面是海，後面是代表中國的名山 —— 太姥山。年均雨量為 1500-1700 毫米左右，平均氣溫為 8℃。經常會起海霧，日夜溫差大，因此茶的風味絕倫。

概要： 最珍貴的白茶由像針一樣又長又直的銀白芽所組成。雖然不華麗，但特有的毫香是其特點，具有優雅又神秘的魅力。

起源： 白茶的起源眾說紛紜，但曬乾茶葉的加工方式是最原始的製茶法，在西元前早已存在。

以這種製茶方式完成的白茶是在 18 世紀末，也就是嘉慶皇帝即位那年，在福建省福鼎地區第一次誕生。1857 年，芽又大又厚的福鼎大白品種出現後，正式開始製作白毫銀針，19 世紀末光緒皇帝時期開始出口，20 世紀初期達到巔峰。

11 第十一個
節氣

小暑

夏季

正山小種
LAPSANG
SOUCHONG

7月7日左右

應對梅雨季的方法

　　如果肩膀上的空氣沉甸甸的，隱約夾雜著水氣的味道，遠處山的色彩越來越清楚，就表示梅雨的季節正在逐步靠近。為了無論再怎麼晾乾，還是有霉味的衣服，備好室內乾燥劑和除濕機，容易忽略的抽屜和衣櫃角落也不忘放好除濕劑。

　　在雨季來臨之前，需要仔細查看一下茶的庫存。把不久之前讓我們心滿意足的應季新茶暫時密封，放進收納櫃深處。這個時期氧化程度較高的茶更吸引人，比起清香，濃香更受青睞。雖然在木炭上燻過的青茶，以及經過多年存藏而加深甜味的普洱茶都很好，但為了迎接梅雨季，最需要備好的茶是立山小種，也叫做正山小種。

　　只要是不錯的歐洲茶品牌，就一定會有立山小種，本來的名稱為正山小種。雖然根據製作的人不同，會有不同程度的味道變化，但只要試過一次這種茶，就絕對無法忘記那強烈的煙燻松煙香，那股味道會讓人想起煙燻香腸，或者在肚子痛的時候，奶奶拿出的正露丸。

紅茶開始的地方

　　但是立山小種、正山小種之所以如此廣為人知，不只是因為其特有的香氣。正山小種與一提到紅茶就會想到的英式早餐茶略有不同。正山小種是世界上最早的紅茶，誕生在 17 世紀中葉，明朝甫因清朝而滅亡的混亂時期。

　　製作正山小種的中國福建省武夷山是第一個出現氧化茶製茶技術的產地，不僅是紅茶，也是青茶的故鄉。一開始要區分紅茶和青茶並不容易。在武夷山製成的黑色氧化茶，以「武夷茶 (Bohea)」之名擄獲了歐洲消費者的心，或許其中也有正山小種的前身。

　　中國十大名山之一的福建省武夷山，從上海搭乘高鐵只需要三個半小時就可以到達，是非常受歡迎的旅遊勝地。但是紅茶的誕生地——中國福建省武夷山市星村鎮桐木村，與整頓成觀光特區的市中心熱鬧景象相去甚遠。

這個村落被低矮的雲霧壟罩，看起來就好像睡著了。雖然還是早上，卻受雲霧遮擋，看不見陽光，位於樹林之間的舊木屋和看上去稀稀疏疏的茶園，就好像在紙上潑了墨水一樣，潮濕地暈染開來。在製茶工廠轉一圈再吃完午餐後，沒過多久就下雨了。這場雨彷彿只是順道經過雲層，感覺還沒被淋濕就已經停了。用來弄乾茶葉的松木木柴被隨意堆在屋簷下，但沒有任何人在意受潮的問題。

畢竟這裡並不是適合曬茶的好環境，桐木村的人會另外建造三樓的木製建築，當作乾燥室使用。一樓用來燒火，二樓是阻斷火勢和濃煙的緩衝空間。二樓和三樓之間會縱橫交叉擺上竹子以讓熱氣暢通，在那上面先鋪好陸離斑駁的蓆子後，再均勻地把茶葉放上去。關上所有窗戶，連續燒五個小時，然後放置半天冷卻。這就是製作正山小種的傳統乾燥方式。

反轉的優雅

燃燒廣泛生長在武夷山和桐木村一帶的馬尾松，讓煙氣原封不動附著在正山小種上面。第一次聞到這個香味多少會覺得有些濃烈，但那味道就像是中午的市街，既神秘又迷人。正山小種使用產地的燃料讓香氣得以滲透，令人想起燃燒後蒸餾、帶有海洋與泥炭氣味的蘇格蘭艾雷島 (Islay) 威士忌。儘管如此，以茶香來看，它的氣味仍屬奇特，甚至讓人不想提起茶杯，但如果鼓起勇氣喝一口，就會被溫柔包裹口腔的香甜味道瞬間征服。

正山小種具有壓迫性的香氣，很容易讓人誤以為味道很沉重、粗糙，但其實它是我所知範圍中，最氣派、最高雅的紅茶。如果把大吉嶺的優雅比喻成華麗、幹練的西方君主，那麼正山小種就是擁有天下至高的權力，卻以仁義統治百姓的東方賢君。可能因為這樣，在西方的茶品牌裡，名稱上有帝國 (Imperial) 或者皇帝 (Emperer) 的混合茶當中，很多都混合了正山小種。

正山小種的甜味常常被比喻成龍眼果乾。濃烈的松煙香一開始讓人很難接受，但如果喝喝看在桐木村以傳統工法生產的正山小種，就能馬上感覺到龍眼乾的香氣以及帶有異國情調的甜味，掩蓋住茶葉上的煙味。對於初次嘗試的人而言，金駿眉等 2000年以後出現的正山小種，因為不燃燒松樹，而是使用烘乾機製作，這種無煙的正山小種接受度會比較高。

酷暑正式來臨的七月上旬，也就是小暑，正值韓國的梅雨季。太陽被飄忽不定的雨雲包圍，一整天都沒有探出頭來，在令人窒息的溼氣和熱氣中，不知道為何湧上了淒涼感。如果問我為什麼會在這個時期想念帶有濃烈松煙香的正山小種，那大概是因為我會想起武夷山桐木村的風景，那宛如只用墨汁畫出明暗深淺的山水畫。

　　茶香和松煙混入低垂的雲霧當中，在這個紅茶的故鄉，每走一步全身就會沉重地凝結在一起。走過茶園之間的村落一圈後，身體不知不覺被浸濕，必須趕緊到灶前坐下。或許茶記得它出生的地方。雨季終於回來，它在提醒我們——現在是時候燒開水，泡正山小種，讓思緒越過刺鼻的煙霧，前往紅茶誕生的地方，並緬懷過去的時光。

正山小種

世界上最早出現的紅茶

乾葉
彎曲堅硬的黑褐色茶葉

葉底
葉子沒有完全展開,帶點紫色的亮褐色

水色
帶有古銅色光芒的濃郁琥珀色

品茗記錄:燃燒松樹的強烈煙燻香氣、蘇格蘭艾雷島威士忌般的泥炭香氣 (Peaty),以及緊接在後的溫和甘甜口感。不苦澀的中等茶體 (Medium Body)。帶有龍眼乾和一點柑橘風味。

搭配訣竅:直接品嚐茶本身。在泡得很濃的冰鎮正山小種中,放入檸檬片、冰塊一起喝,對高級單一麥芽威士忌的渴望將煙消雲

散。適合搭配燻鮭魚、生火腿、煎餃等味道稍重的食物，也很適合柑橘果汁的酸味，搭配蛋塔或果凍也不錯。

產地：中國

茗品季節：4 月初到 5 月

地點：福建省武夷山市星村鎮桐木村

地理特徵：這裡位於江西省和福建省交界處，在 1999 年被聯合國教科文組織指定為世界複合遺產，嚴格禁止外部人士出入，一年僅能採茶一次。年均溫為 18℃左右，冬天也偏溫暖，年均雨量為 2000 毫米左右，時常起霧或下小陣雨。

概要：因為是最早製作紅茶的產地，受到許多茶迷的關注。以紅茶製造過程中產生的特有松煙香氣聞名。

起源：根據推測，最早的紅茶正山小種出現在 1630 年左右。清朝政府為了鎮壓強佔福建省南部海岸的明朝遺民並收復台灣，命令福建省出身的漢族將軍姚啟聖前去討伐叛軍。姚啟聖先將海岸居民分散到武夷山等內陸地區，聽說當時從港口移居到山區的居民，經常將武夷茶 (Bohea) 以高價賣給西方商人*。一部分移居到武夷山的人在姚啟聖討伐台灣結束之後，依舊留在武夷山製作紅茶，透過回到港口的朋友宣揚武夷山桐木村的紅茶。此後，正山小種在歐洲市場廣受歡迎。

---

* 「綠茶 1 磅 16 先令，武夷茶 1 磅 30 先令。」刊登在 1705 年英國愛丁堡報紙上的廣告。《All About Tea》，威廉・烏克斯 (William Ukers)，1935 年。

正山小種與
立山小種

正山小種的英文名稱為「立山小種 (Lapsang Souchong)」，但是實際喝過的人，應該很難相信，中國茶店裡的正山小種與歐洲茶品牌的立山小種是同一種茶。一打開茶葉包裝就會聞到刺鼻的煙燻香，這個味道強烈到在幾公尺之外也感覺得到，立山小種的葉子會被切成適當大小，但擁有比它更柔和、更幽深的松煙香的正山小種，則無關等級，維持較大而完整的茶葉。

可以確定的是，立山小種和正山小種一開始都是在福建省武夷山製作的茶。正山小種的「正山」是指茶的起源地，也就是武夷山。但立山小種的「立山」意義和詞源眾說紛紜，其中最有力的一個說法是，從各種少數民族混居的福建省特徵來看，正山小種會被裝在商人的行李中往海岸移動，因而被翻譯成他們的方言，用英語標記就是立山 (Lapsang)。

為什麼味道這麼強烈的燻製茶會在歐洲流通？19世紀中葉，英國在印度等殖民地大規模建立茶園，大部分的人主要喝的是比中國紅茶 CP 值更高的印度或斯里蘭卡紅茶。但飲茶習慣不是一朝一夕就能夠改變，對於深入茶文化許久的上流階層來說，中國武夷山紅茶依然是不能割捨的最愛。

而且阿薩姆或錫蘭紅茶沒有正山小種的神祕松煙香，雖然那種松煙香讓大眾平民無法輕易接近，但卻是特定一群人所享有的祕密、高級記號。這樣的客人為了凸顯他們的社會地位，更喜歡松煙香濃烈的紅茶。這也演變成福建省貿易商的需求量居高不下，貼上立山小種英文標籤的正山小種持續被燻製上強烈香氣。之後，桐木村逐漸無法負荷，除了武夷山，福建省其他地區也開始生產比較低廉的小種紅茶。這些不在武夷山，也就是非正山生產的小種紅茶，便被稱為外山小種。

金駿眉和無煙正山小種

在中國福建省武夷山桐木村的悠久歷史中，最令人嘖嘖稱奇的事件之一就是「金駿眉」的登場。江元勳先生是正山小種的第24代繼承人，也是桐木村代表性茶品牌「正山堂」的領導人。在過去，擄獲全世界茶迷的紅茶始祖就是正山小種，江元勳先生與梁駿德先生等幾位專家打算製作出能夠恢復正山小種地位的茶款。在他們的努力之下，2005年，意為「金色美麗眉毛」的金駿眉紅茶誕生，隨著這種製茶方法逐漸廣傳，現在桐木村的所有茶廠都可以做出與它類似的茶。

金駿眉是收集穀雨前，生長在武夷山國家級自然保護區海拔1500-1800公尺高山地帶的小葉種野生茶樹幼芽，並使用工夫紅茶的製茶方式製作而成。製作 500 克的茶需要 6-8 萬個新芽，且所有過程都不使用機器，只靠熟練的手上功夫，是桐木村生產的所有茶當中，價格最高的一款茶。

像眉毛一樣小而細長的茶葉緊緊蜷縮起來，黑七黃三，黑色部分的比例為七成，覆蓋著金黃色絨毛的茶葉則以三成的比例混合在一起。甜甜的花蜜香加上細緻的蘭花和水果香，更加突顯了沒有染上松煙香的茶葉原始香氣。

在此之前，雖然桐木村並不是完全沒有製作過非燻製的茶，但由於金駿眉的出現，把原本製作正山小種的茶葉用工夫紅茶的製茶方式，製成了「無煙正山小種」，結果大受歡迎。在不喜歡松煙香的人大力推崇下，無煙正山小種取代了以傳統方式製作的小種紅茶，佔據了正山小種的地位。至今為止，在當地流通的 90% 正山小種都是無煙正山小種。以傳統方式燒燃松樹木柴，讓煙氣滲入茶葉的正山小種，現在被稱為「煙小種」。

2019 年，為了保護武夷山桐木村的生態環境，加強了相關條例，禁止砍伐該地區內的松樹類，以及禁止進口作為燃料使用的松樹。雖然該法案並不會完全切斷與紅茶歷史一同發展的武夷山桐木村小種紅茶的命脈，但可以肯定的是，從保護文化遺產的角度來看，即使努力延續這樣的傳統工藝，它也即將成為我們這種普通消費者幾乎無法接觸、如海市蜃樓般的夢幻茶種。

12　　　　第十二個
節氣

大暑　　　　夏季

玉露
GYOKURO

7 月 23 日左右

夏陽酷暑的消遣

　　雨季過後，蟬鳴震耳欲聾，從現在起就是夏天的重頭戲。誰說光不會受重力影響？他有想過壓在頭頂和肩膀上的烈陽這麼沉重嗎？不曉得是誰在梅雨季的時候，在光線上釘了密密麻麻無數根針，現在只要一踏出陰影，肌膚就感到刺痛不已。天空好像出了錯，象徵清涼感的藍色背景散發出悶熱高溫，只有變化多端的雲朵能帶來一些安慰。

　　在沒有地球暖化的時候，夏天似乎也是個令人難受的季節。朝鮮後期，站在茶文化中心的實學家*丁若鏞寫了名為《消暑八事》的詩來吟誦酷暑中的八種樂趣。倒一壺酒，在松木臺上射箭；在槐樹蔭下盪鞦韆，享受微風；在空樓閣裡玩投壺遊戲，笑聲不斷；讀書疲倦時，鋪上涼爽的竹蓆下盤圍棋；看著剛盛開的蓮花，讚嘆上天為了讓我們暫時忘記酷暑，送來了如此美麗的事物；一邊聽著蟬聲，一邊把蟬比喻成長期被困在地下受苦，終於掙脫而出的神仙；在下雨天吟詩；在無法入睡的夜晚，迎著灑落的白色月光，擺晃著雙腳。

*推崇實學的思想家，主張「經世致用」，強調學問不應流於空泛，必須有其實質上的用處。

這首詩並沒有把酷暑視為困境，而是逐一列出這個季節方能享受的風流，展現出古代書生的豪爽之氣。他們暢聊著炎日也適合的消遣活動，不過他們應該不知道現代文明帶來的這一杯涼茶之樂，也不知道毫不吝嗇放入茶葉，沖泡出濃郁的茶後，茶裡的冰塊慢慢融化，清雅的聲音搔癢著耳朵的感覺。

陰影下的玉色露珠

雖然只要是冰的我都不會拒絕，但在這個時期，我卻被濃郁的綠茶所吸引。儘管清爽的韓國綠茶也很好，但當想念稍微濃郁一點的甜味時，我會選擇用蒸氣製作的日本綠茶。因為不是炒製的茶，葉子外觀可能有點不美觀，但卻帶有綠蔭的味道，其中首屈一指的茶就是玉露。玉露的名稱意為「如玉般清澈玲瓏的露珠」，第一次出現是在江戶時代 (1603-1867) 結束之前，屬於比較近代的茶。

原本主導日本茶文化的是將茶葉用石磨磨成粉末的抹茶。為了製作用於茶會的優秀抹茶，農民會在茶樹即將長出新芽之際，蓋上遮光板，等待 20 天。照不到陽光的茶葉為了進行光合作用，就會增加葉綠素，因此顏色更加深綠，葉片組織薄軟。此外，比起會形成茶澀味的兒茶素 (Catechin)，茶胺酸 (Theanine) 的含量也會變得豐富，能夠讓茶的甘味最大化。一提到日本的綠茶通常會想到海藻的鮮腥味，這也是遮光栽培下的產物。

18 世紀前後，隨著農業技術的發展，茶的產量增加，直接沖泡飲用的泡茶方式逐漸盛行，不再需要刷出泡沫。此時新推出的煎茶大受歡迎，用來製作抹茶的遮光栽培茶葉也被用來製作煎茶，成為了玉露。從抹茶到遮光栽培，從煎茶到玉露，日本經過數百年累積的製茶技術可以說達到了巔峰。

玉露起源的地方和煎茶一樣，都是位於京都東南邊的歷史悠久的茶產地──宇治，但近年來最受關注的玉露產地，則是日本列島四島中最南邊的九州八女。雖然比起其他產地，八女的規模並不大，但代表這個村落的星野製茶園每年都在日本農務省主辦的全國品茶會玉露組中，拿下農林水產大臣獎。

綠蔭與大海的味道

泡玉露的時候需要放鬆的心情，因為要先把水煮開，再冷卻至 60℃以下。等茶涼到可以用手握住茶碗後，再放入一大匙茶葉，水不用太多，剛好加到可以淹沒茶葉的程度就好。其他的茶如果泡得太過濃郁，可能會讓舌頭因苦澀味而忍不住蜷縮，但這種茶的樂趣所在，就是能夠放心地細細品嚐在嘴裡如玉珠般滾動的每一滴露珠。

第一次品嚐玉露的人可能會感到錯愕。席捲而來的濃厚鹹味比起茶，更像是肉湯。雖然都是用熱水浸泡乾燥的食材，但無論如何還是很難讓人輕易接受。就像沒人管理的蓮花池綠藻一樣，看不見底的深綠水色彷彿暗藏玄機。

茶裡這一片蟬鳴聲震耳欲聾的仲夏森林，就好像在塗抹綠色的時候，不小心弄倒了顏料，形成一片黑色樹海迷宮。這是孕育生命的原始大海冰冷、稍鹹的神祕滋味，也是海洋另一邊，美人魚所演唱的融化耳膜的甜蜜歌曲。玉露打破了我們至今所知道，關於茶葉的味道極限，只要喝過一次就再也回不去了。

有時候啜飲著冰冷的玉露，就會想起茶葉生長的村落。填滿水後如同一面鏡子般閃耀的山坡農田上，映照著夕陽，深藍色的天空中，星光如打上海岸的泡沫般粉碎開來，螢火蟲密密麻麻穿梭在被黑暗吞噬的溪間，這就是八女市星野村的夏夜。在因散不去的熱氣而無法入睡的夜裡，我會小心翼翼回想起在星野村度過的那一天，宛如在夜晚的地面上游泳般。我也會想著能讓這個季節更加甜蜜的小小樂趣，就像在西瓜上撒少許鹽，連酷暑都變得更可愛一些。

玉露

突破茶葉極限的味蕾體驗

乾葉
松葉般細而堅硬，且具有光澤的暗綠色茶葉

葉底
鮮明的綠色葉子緊緊纏在一起

水色
帶點黃色光芒的灰濛濛草色

品茗記錄：烤海苔、海青菜，以及燙高麗菜般的甜鹹氣味退去之後，白色的花香就會如海濤般湧現。中等茶體 (Medium Body)。

搭配訣竅：與茶細膩的香氣相反，適合搭配味道鮮明的和菓子與飯糰等，也適合搭配豌豆、玉米等夏季水果或蔬菜，尤其推薦比目魚、鮑魚等白肉魚料理。

產地：日本

茗品季節：5 月底到 6 月

地點：福岡縣八女市星野村

地理特徵：九州最大規模的筑紫平野南部擁有筑後川和安倍川，而八女地區就位於兩川之間，其土質肥沃，能夠生產出比其他區域更甜更鮮美的茶。其中星野村的茶園規模最大，以 1946 年開業的星野製茶園為中心製作茶葉。

概要：玉露是高級日本綠茶的代表，使用遮光三個禮拜的頂級茶葉製成。它與中國或韓國的炒青綠茶不同，玉露是使用蒸氣殺青（加熱茶葉）的蒸青綠茶。

起源：1835 年，江戶老茶店「山本山」的第六代堂主山本德翁，提議把當時供不應求的遮光栽培抹茶茶葉，用煎茶製法做成新的茶，也就是玉露。玉露起初就如同其名，茶葉捲成了露珠似的圓形，後來在 1868 年，才由至今仍在宇治活躍的「辻利」創始人辻利右衛門改良成了現在經過揉捻的針狀。

泡玉露的
方法

1. しずく茶 (Shizuku-cha)

這是一種以煎茶道「啜飲」開發而出的新飲茶方式，能夠更完整
感受玉露的樂趣，由八女星野村推出。

1. 第一杯

   將 4 公克的玉露放進蓋碗
   裡，小心倒入 45℃左右的
   水後，蓋上蓋子等 2 分鐘。
   將蓋碗杯和蓋子之間的一
   滴茶含進嘴裡，在舌上細
   細品味。

2. 第二杯

   倒入 20 毫升 60℃左右的水，等
   待 1 分鐘。

3. 第三杯

   倒入 20 毫升 60℃左右的水，等
   待 1 分 30 秒。如果想搭配餅乾，
   可以在這個時候吃。

4. **第四杯**

　　將 80℃左右的水充分倒入蓋碗
　　中，等待 30 秒後，即可享受清
　　涼微苦的茶。

5. **最後**

　　在泡完剩下的茶葉裡，倒入加醋
　　醬油，可將茶葉當作野菜食用。

2. 冰泡茶（氷出し茶）

等冰塊融化，慢慢沖泡，提引出茶的味道，進而享受透明的甜味。
看到冰塊融化的樣子能讓仲夏也跟著變得清涼。

1. 先將茶葉放進玻璃茶壺中，放入冰塊。比例為每 1 公克茶葉加 10 公克冰塊，需要放入 5 公克以上的茶葉才能泡出茶。

2. 將茶壺放在陽光充足的地方，等冰塊融化 15-30 分鐘。每當冰塊融化成為茶水時，便可以一口一口細細品嚐。

3. 慢慢品嚐直到冰塊完全融化為
止，中途也可以再加入冰塊。

*先泡一杯熱茶後，在剩下的茶葉上加入冰塊，這樣就可以一邊先喝泡好的熱茶，
一邊慢慢等待冰茶泡好。

**雖然這個方法也可以用在玉露以外的其他茶，但在泡蒸青綠茶以外的其他茶時，
需要先用熱水微微浸泡茶葉一陣子後，再放入冰塊。

秋
Autumn

暑氣尚未完全消退，正在擔心颱風來臨之際，麝香葡萄大吉嶺宛
如一份禮物般抵達了。從現在起是紅茶的時間。秋陽懶洋洋映照
在茶桌上，只是用視線輕掃過灑落著光線的茶桌，就覺得心滿意
足。每當聽到降雨預報，我就會下意識拿出武夷岩茶，準備度過
一段優雅又幽靜的茶時光。

13

第十三個
節氣

立秋

秋季

**大吉嶺
夏摘茶**
DARJILING
2ND FLUSH

8 月 7 日左右

假期的正中間

　　暑假到了這個時期，眼睛所及之處似乎都有些慵懶，就好像用 0.8 倍速看電視劇，越來越少聽到遊樂場裡小孩的喧鬧聲，連流浪貓都各自躲在陰影下，街道上只剩熊熊燃燒的太陽，以強烈的熱度抹去了所有存在。假期中的城市白天就像美國著名畫家愛德華・霍普 (Edward Hopper) 的畫作一樣，平靜又堅毅。

　　茶的銷量大致上越接近秋天越好。雖然一邊擦汗一邊喝冰茶非常暢快，但不管怎樣，喝熱茶還是更能感受到茶完整的香氣。此刻不妨查看一下手上的茶葉庫存，提前思考應該從哪一種茶開始，迎接重新回歸的忙碌茶季。

以花開為基準的夏摘茶

　　一年中最早的茶往往最受到重視，因此很多人認為只有春摘茶堪稱出色，但其實最能體現大吉嶺茶特色的應季茶，反而是夏摘茶。春摘茶收穫結束後，進到五月，大吉嶺會有十到十五天左右的短暫休息期間，然後再重新開始採茶，直到雨季來臨之前都是夏摘茶的季節。

該怎麼判斷夏摘茶的季節開始了？我曾經對與大吉嶺茶樹一同生活的茶園經營者提出這個問題。我猜測會聽到有關氣溫、濕度、茶樹生長狀態等相關資訊，但得到的回答卻出乎了我預料。他們的答案非常簡單，就是花開之際。

進入五月之後，彷彿約好了般，在大吉嶺山谷遍地都可以看到綻放的粉色花朵。大吉嶺的人們以新茗品季節的開始為寓意，將其取名為夏摘花 (Second Flush Flower)，這種花的真正名稱為番紅花 (Crocus)。大吉嶺的番紅花與西方的水仙花一樣，是告知季節轉換的花朵。

了解夏摘花之後，我才終於理解為什麼大吉嶺最佳的茗品季節不是春摘，而是夏摘。通常其他地區的番紅花會在三到四月之間與春天一同盛開，但它卻直到進入夏季的五月，才在海拔 2000 公尺的喜馬拉雅高山地帶，也就是大吉嶺開花，表示此刻或許才是大吉嶺真正的春天。通知人們春天來臨的不是月曆上的數字，而是花朵。

麝香葡萄成熟之際

中午的陽光穿過盛開的花朵和霧氣之間照射下來，隨著這抹陽光日漸強烈，日夜溫差也越來越大，茶葉的生長因而變得緩慢，但大吉嶺夏摘茶卻彷彿套上了薄薄的一層七彩玻璃，豐富多彩。它就像是含著晨露的珊瑚色玫瑰、垂墜在牆壁上的海棠花、撒上砂糖烤製的油桃，以及荔枝甜蜜爽口的果汁。彷彿胡桃內皮苦澀又濃醇的滋味，與新鮮的土馬騌和天然皮革的微妙香氣交織在一起，宛如壁毯般，留下長而複雜的圖案。

大吉嶺夏摘茶是盛開的花朵、水果、森林與泥土，也是這個季節歌頌的一首詩。這種大吉嶺紅茶特有的風味被稱為「麝香葡萄風味 (Muscatel Flavor)」。

在尚未消退的暑氣當中，今年剛起步的大吉嶺夏摘茶散發出堅果和奶油烤布蕾的甜蜜香醇味道。隨著秋天越來越近，令人歡喜的蟲鳴乘著夜風而來，茶香漸漸轉變為濃郁的玫瑰和蜜漬水蜜桃。八月落幕後，短暫休息的人們重新回到日常，慵懶陽光背後的陰影變得更長，我已經等不及迎接與蕭瑟微風一同變得更加深沉的麝香葡萄風味了。

規劃行程就是旅行的開端，對於愛茶者而言，在正式邁入下一個季節前填滿茶櫃的時期，就是秋天。喜馬拉雅山依然被厚重的雨雲包圍，我向位於山腳下的大吉嶺村落獻上無盡的感謝，這是個多麼奢侈的季節開端！

大吉嶺夏摘茶

紅茶的香檳，優雅的麝香葡萄風味

大吉嶺夏摘茶・凱瑟頓茶莊・麝香葡萄
Darjiling 2nd Flush Castleton Tea Estate The Muscatel

乾葉
銀色毫尖捲起的暗紅色葉子

葉底
明亮均勻的古銅色

水色
帶有金色的紅褐色，彷彿初秋的霞光

品茗記錄：玫瑰軟糖、油桃、烤胡桃和蜂蜜，以及浸皮法釀造的麝香葡萄酒香。輕微刺激舌頭的爽口苦澀味道。中等茶體 (Medium Body)。在口腔中優雅擴散開的麝香葡萄風味。

搭配訣竅：很適合搭配添加了百里香的李子或水蜜桃塔、覆盆子玫瑰酥餅、布丁等加入夏季水果的點心，以及烤雞、火雞或鴨子等禽肉佐杏桃醬。

產地：印度

茗品季節：5 月中旬到 6 月，直到雨季開始之前。

地點：西孟加拉邦大吉嶺庫爾塞奧恩格 (Kurseong)

地理特徵：凱瑟頓是一個茶莊，位於距離西孟加拉邦的主要城市西里古里一個小時左右車程的庫爾塞奧恩格南部村落，茶園坐落在庫爾塞奧恩格與潘卡巴里地區的陡坡上，海拔高度為 980 公尺到 2300 公尺。

概要：由大吉嶺最知名的凱瑟頓茶莊製作而成，將群體種（從種子開始，以有性繁殖栽種的原生茶樹）的魅力提升到最高水準。凱瑟頓的麝香葡萄大吉嶺被稱為「夏摘茶之王」，是極具經典的茶種。

起源：凱瑟頓茶莊是在 1885 年由查爾斯．格雷厄姆博士 (Dr. Charles Graham) 所建立。原本這個地方的名稱為庫姆塞里 (Kumseri)，有鑑於附近的城塞「加爾 (Bank Ghar)」，因而有了現在的名稱「凱瑟頓 (Castleton)」。目前與瑪格麗特希望 (Margaret's Hope)、塔爾波 (Thurbo)、巴丹坦 (Badamtam)、巴涅史貝克 (Barnesbeg) 等茶莊，一同屬於印度卡爾佩特塔集團 (Camellia) 旗下的古德里克集團 (Goodricke)。

大吉嶺的經典
——麝香葡萄風味

LESSON

說起大吉嶺紅茶，就不能不提麝香葡萄風味 (Muscatel Flavour)。
首先必須釐清誤會。麝香葡萄風味並不是指麝香葡萄本身的香
氣，更不是青葡萄，確切來說，用在形容大吉嶺茶的麝香葡萄根
本不是葡萄，而是酒。

從廣義上來看，麝香葡萄 (Muscatel) 意為用麝香葡萄 (Muscat
grapes) 製作的酒，但在英美國家，通常提到麝香葡萄酒就是指
波特酒 (Port Wine)、馬德拉酒 (Madeira Wine) 或雪利酒 (Sherry)
等烈性葡萄酒 (Fortified Wine)。麝香葡萄是在用麝香葡萄品種的
葡萄釀造酒的過程中，加入白蘭地原液等酒精，以停止發酵、提
高酒精濃度和糖分的甜酒。

芳香與醇香

葡萄酒和葡萄的香味並不一樣，為了理解得更清楚，必須進一步
了解芳香 (Aroma) 和醇香 (Bouquet)。簡而言之，作為葡萄酒原
料的葡萄所具有的果香被稱為芳香，醇香則是指葡萄在發酵成酒
的過程中產生的香氣。

大吉嶺春摘茶的製茶過程包含長時間的萎凋、輕微的揉捻，以及
短時間的氧化，較著重於茶樹葉本身的清新芳香。夏摘茶和秋摘
茶則更重視茶葉氧化、發酵的複合醇香。

葡萄酒與紅茶雖隸屬不同範疇，但兩者有一個共同點，就是在發酵過程中會出現複雜的醇香。大吉嶺紅茶所擁有的麝香葡萄風味，就是建立在這個脈絡之下的酒香，而不是葡萄本身的水果芳香。因此即使在大吉嶺聞到青葡萄的芳香，也不能與麝香葡萄風味混為一談。

品種與氧化程度

大吉嶺的麝香葡萄風味有幾個條件。第一，需要源自於中國小葉種，為透過有性生殖成為當地群體種的傳統品種茶樹 (China Bushes)，或以此為基礎的雜交品種茶樹 (China Hybrid)。即便以銀色毫尖嫩葉明顯、產量出色的高人氣茶樹品種 AV2 或 P312 插枝繁殖成改良品種，也沒辦法竊得麝香葡萄風味的痕跡。

氧化也非常重要。夏摘季節時，茶葉中的多酚成分必須達到足以氧化的量。只有氧化到一定的程度，發展成醇香，才能稱得上麝香葡萄風味。因此整體上氧化程度較低的大吉嶺春摘茶，儘管同樣產自傳統的茶樹，也無法表現出獨特的麝香葡萄風味。

蟲的暗中助攻

夏摘季節還有一個重要的優勢。白天的高溫悶熱，如果一直不下雨，吸食茶樹嫩芽和幼葉汁液的小蟲就會大量繁殖。雖然被蟲蛀的茶葉無法好好生長，但卻會像蜂蜜一樣，散發出濃郁的香氣。這是經過各地驗證多次的事實。以東方美人聞名的台灣白毫烏龍之所以能有今日的成就，小綠葉蟬扮演著最重要的推手，其亞種多達 300 多種，且不只分布在台灣，也分布在印度與韓國等亞洲地區，對大吉嶺麝香葡萄風味的形成具有重要的影響。

夏摘茶季節開始後，擁有顯眼巨大銀色毫尖 (Silver Tips) 的克隆大吉嶺茶 (Clonal Darjeeling) 最先上市。雖然它華麗的香氣和甜蜜的滋味猶如哈密瓜或熱帶水果，但不具有麝香葡萄風味。為了做出真正的麝香葡萄大吉嶺茶，必須隨時確認天氣，耐心等待到小綠葉蟬與蚜蟲們活躍的 6 月 10 日左右，直到雨季和收穫季結束之前，都無法放下心來。

有些人因為白毫烏龍和夏摘大吉嶺一樣都是受到小綠葉蟬的影響，所以認為白毫烏龍的蜜香也是麝香葡萄風味。但正如同白毫烏龍的味道和香氣並不完全取決於小綠葉蟬，形成大吉嶺麝香葡萄風味的諸多條件中，蟲的作用也只是其中一項而已。雖然兩種茶的甜蜜香氣確實有相似之處，但如果輕易將兩者劃上等號，那可以說是一種選擇性忽略的錯誤判斷。

熟悉而陌生的麝香葡萄風味

其實麝香葡萄風味並沒有那麼難親近。你有沒有在大吉嶺紅茶中感受過潮濕的落葉香、淡淡的水果香味，以及苦澀的味道？那就是麝香葡萄風味。並不是只有昂貴的單一茶莊才能夠感受，大眾茶牌中也時常出現。雖然很難說明，但馬上就會讓人發現：「這是大吉嶺茶！」的味道和香氣，就是麝香葡萄風味。

麝香葡萄風味並不是特定的芬香，而是在氧化過程中發展出的醇香，因此除了親自喝看看之外，很難光用文字具體說明。如果為了探索麝香葡萄風味而汲汲營營尋找高價的克隆大吉嶺茶，那麼很有可能會白忙一場。正如同莫里斯·梅特林克的戲劇《青鳥》那樣，真相和幸福總是在不遠之處。

如果要再更仔細說明，麝香葡萄風味的大吉嶺在沖泡之前，乾燥葉子上散發的香味，就像是熬煮的焦糖漿和雪松的清涼味道。泡過之後，轉變為久煮的荔枝或水蜜桃酸甜，再加上華麗的花朵或盛開的玫瑰，隨後的尾韻則是剛剝好的胡桃等各種堅果混合蜂蜜的氣息，以及森林苔蘚般的刺激青草味。單寧在嘴裡輕快地刺激舌頭後，馬上變成濃郁的花香擴散到全身，這種變化也是麝香葡萄風味的特色之一。

雖然統稱為麝香葡萄風味，但其實這種風味的層次與變化相當豐富，時而相近花香 (Flowery)，時而接近果香 (Fruity)，時而又散發出泥土及樹皮的大自然氣息 (Earthy)，擁有多樣化的面貌。

因此，與其在大吉嶺中反覆推測這是不是麝香葡萄風味，甚至因感受不到而氣餒，身為一個忠實茶迷，更建議大家放下對於麝香葡萄風味的執著，以單純的心全盤接受大吉嶺的風貌，仔細感受、品嚐並享受大吉嶺帶來的美妙滋味。

CHA 茶的季節 與節氣

14

處暑

秋季

雀舌茶

SEJAK

8 月 23 日左右

暑氣離開的時刻

暑氣宛如被拆穿的謊言消失不見，空氣霎時變得輕盈。不管是多麼炎熱的酷暑，一到處暑，就好像按下了停止鍵。雖然還是很熱，但傍晚空氣的味道變得稍微不同了。處暑是暑氣開始消退的節氣。俗話說，只要經過處暑，蚊子的口器就會歪掉。地上出現蟋蟀，天空飄來捲雲，代表著秋天正在來臨。

夏天對於很多人來說，並不是一個討喜的季節。很容易出汗的我自從青春期以來，一到夏天就會有點神經質。不只是熱氣，所有的生物都跑得太快，急著衝向預定好的結局，讓我感到害怕。但有一次，在特別漫長又艱辛的酷暑即將過去的時候，我突然意識到自己並沒有像往常那麼討厭夏天。

進入末伏後，表示季節即將結束，剩下的每一天都不捨到令人揪心。多汁的水果與清甜的蔬菜自不用多說，花市裡的繡球花也只有現在才能夠盡情觀賞。從看得見星空的窗戶吹進來的風，酸甜如檸檬，冰冷如離去的季節尾聲。直到夏季真的要離開的時候，我才明白自己有多愛它。

有些事情就像夏天一樣，事過境遷才能看得清。對我來說，雀舌就是這樣的茶。茶葉的芽宛如麻雀的舌頭般又小又細，因此被稱為「雀舌 (Jaegseol)」，這個名字受到韓國慶尚道方言特有的母音逆向同化影響，也被稱為「Jaegsal」。雀舌既是韓國河東地區的發酵茶，也是紅茶的一種，但它與我們所知道的紅茶截然不同，也因此成為我長期以來覺得最難親近的一種茶。

　　摘下初葉給主子，摘下中葉給父母，
　　摘下末葉給丈夫，摘下老葉製茶藥。
　　茶藥裝入袋，待我兒腹疼時，
　　餵茶藥治病，令其成長茁壯。

　　誤食鬧騰的孩子，餵以雀舌哄睡。
　　大兒子身體抱恙，餵以雀舌治癒。
　　老出毛病的公公，呈上雀舌盡孝。
　　心生妒忌的婆婆，呈上蜂蜜安撫。
　　獨自生活的青山，徹夜食用雀舌，
　　無憂無慮入睡。風啊風啊春風啊，
　　別吹了讓雀舌生長，讓喝下露水的雀舌生長。

　　從這個韓國口耳相傳的民謠中可以看出雀舌是什麼樣的茶。將在清明和穀雨之間採摘的春天第一批芽──雨前，以及在那之後收穫的細雀當成貢品上呈官衙後，以前河東的茶農們會運用在五月底逐漸炎熱的初夏中默默生長的茶葉，製作自己喝的茶。雖然雀舌的名稱源自於茶葉的外型，但實際上用來製作雀舌的茶葉並不是新的嫩芽。

完全成熟的茶葉雖然不宜製作綠茶，但因為含有豐富的兒茶素等多酚成分，很適合製成紅茶。而且製出來的茶即使經過長期保存，品質也不會輕易下降。從民謠中可以看出，雀舌被稱為「茶藥」，它是這個地區家家戶戶不可或缺的常備藥品，也是消除日常疲勞的飲品，長期以來備受重視與喜愛。

以前的人會在火爐上放水壺，煮雀舌茶來喝。按照各家流傳的食譜，在茶葉裡加入山梨、木瓜、忍冬或柚子，有時候還會加入生薑和大棗等製成混合茶，或是加入蜂蜜或砂糖做成甜甜的茶飲。如果煮得比平常更加濃，還可以達到舒緩腹瀉或感冒的作用。據說具有消炎、鎮定和抗氧化等許多功能的雀舌茶，在醫療不發達的古代是很重要的藥物。

雀舌茶的紅綠身世之謎

當淺紫色的泡桐花盛開，後院的櫻桃紅成一片，就代表是時候製作雀舌茶了。從梅雨季直到白露都是可以製作雀舌茶的時間，因此實際上雀舌的流通量或許比綠茶還要多。

採完茶葉後，曬乾萎縮。初夏的陽光越強烈，茶的味道就會越濃郁。去除茶葉的雜質後，在陰影下或室內再次萎縮，用手輕輕搓揉變得脆弱的葉子，然後將茶葉攤放在竹籃上，在設有火炕的房間裡燒火烘乾。

採茶、曬乾、適度搓揉之後氧化，光看這些過程，似乎和一般紅茶沒有差別，但其中卻有一項巧妙的差異，就是在房間燒火氧化的過程。

通常在氧化紅茶時，建議溫度是 24-25℃左右，但初夏的火炕遠遠高於建議溫度，如此一來，製成的茶會因為過度氧化而變淡，引起輕微的微生物發酵反應，因此若以六大茶系的區分標準嚴格來看，雀舌無法被納入未發酵的綠茶，也不能算是全發酵的紅茶。但韓國河東郡卻把雀舌定義為從古代傳承至今的河東傳統紅茶。

不管是紅茶還是綠茶，雀舌茶都是備受喜愛的茶。彷彿在夏末的陽光底下，曬得暖烘烘的菩提樹果實散發出的酸甜氣味，其中隱約還有一些海棠花的香氣。具有深度的甜韻就像熟透的柿子或番茄乾，味道溫和不突兀，很適合當成日常飲用的茶水，放進茶壺裡隨便煮一下也不會苦澀。

有時候會有稻草的純樸香氣，或是像椰棗縈繞在口腔般的濃郁感，但不管是什麼味道，有助於消化的雀舌茶即使在空腹喝也不會不舒服，因此適合搭配大多的食物。按照古早的方式，加入柚子皮一起煮，放涼後再加入蜂蜜，就成為了最好的夏日補品。

最近對韓國茶感興趣的人越來越多，販賣雀舌茶的地方也大幅增加。大部分在市面流通的雀舌茶都不是在暖炕房，而是在擁有最新設備的工廠製作而成。雀舌茶是滋味端正細膩的優良茶種，而且品質也隨著技術的進步而越來越穩定，沒有白費地區研究所和農民們的努力。

但我有時候會想念雀舌茶那股宛如架上熟透的豆醬 (Meju) 香醇。我以前曾經譴責雀舌茶是擾亂紅茶生態系統的品種，讓人無法區分氧化和發酵製程的差異。但踏入茶的世界多年後，如今我反而很想問當年的自己，為何一定要將所有茶區分成六種派系？屬於哪種茶系，遠不及茶本身來得重要。

雖然從現代的角度看來，很多以前的事物或想法都顯得有點過時粗糙，但我內心卻很渴望能多保留一點從前的單純樣貌。不曉得這是因為季節離開後才意識到自己愛上了夏天，還是因為年紀變大了一些。

雀舌茶

麻雀舌頭般小巧的韓國發酵茶

乾葉
有光澤、捲曲起來的黑褐色葉子

葉底
帶有紅色的亮古銅色葉子

水色
帶有金色邊緣的鮮豔淡紅色

品茗記錄： 就像初夏的櫻桃到夏末的菩提樹，那種鮮紅酸甜的果實。連殼一起汆燙的大豆或稻草的純樸香味。輕微的中等茶體（Medium Body）。在嘴中縈繞的乾淨餘味甜蜜溫和，就像杏桃乾或成熟的紅柿。

174

搭配訣竅：建議直接品嚐茶樸實的滋味。但按照傳統的方式，加入柚子皮或大棗等，也能感受到變化多端的趣味。適合搭配以醬油煮蕨菜或乾菜等曬乾蔬菜的傳統料理，也很推薦搭配加入紅醋栗或覆盆子等紅色漿果類的甜點。

產地：韓國

茗品季節：5 月底到 6 月

地點：慶尚南道河東郡花開面和岳陽面一帶

地理特徵：雀舌的故鄉是慶尚南道河東郡花開面和岳陽面一帶，位於韓國的智異山底下，有蟾津江流過，具有背山臨水的地理優勢。蟾津江的支流花開川就在附近，此地經常起霧，年雨量足以用來種茶。

概要：雀舌的名稱意為麻雀的舌頭。雀舌茶是地區茶農們為了自己飲用，製作出混合氧化和發酵型態的發酵茶。家家戶戶都有不同的雀舌茶作法，有時會加入山梨乾、柚子和木瓜等煮來喝，這種混合茶形式也延續至今。雀舌茶的特點是苦澀味低，不會造成腸胃不適、味道香醇。

起源：河東地區是朝鮮半島最早種植茶樹的地區之一，是具有悠久歷史的產地。雀舌茶的起源並不明確。春天長出來的新葉會被製作成上呈官衙的綠茶，剩下立夏以後的茶葉會被製作成雀舌，因此可以推測出它的歷史應該和韓國的綠茶一樣長。有關雀舌的具體記錄出現於朝鮮後期，雖然沒有得到綠茶愛好者的好評，但在地方上，雀舌既是日常飲料，也常被使用於各種禮節上，一直以來備受喜愛。直到今天，雀舌成為了代表韓國的傳統發酵茶。

CHA 茶的季節
與節氣

15 第十五個
節氣

白露 秋季

烏巴茶
CEYLON UVA

9 月 8 日左右

葡萄逐漸成熟

秋高氣爽的季節一下子便來了。看著天空一天天從水色變成深邃的靛青，就能再次感受到春天是從地面而來，秋天則是從天空而來。側耳傾聽，空氣中似乎傳來了窸窸窣窣的輕快聲音，宛如輕輕掃過金色飽滿的稻穗，發出心曠神怡的音色。

晴朗的天氣持續，風勢減弱，凌晨氣溫驟降，在這個時候的清晨路上，很容易可以看到露珠，因此與農曆八月一同開始的這個節氣名稱，就是白色純粹的露水——白露。

彷彿會永遠統治世界的綠意消失，到了該收成的時候。雖然還沒有要秋收，但眼見之處的作物都逐漸變得成熟、豐饒。山葡萄成熟的季節也接近白露，所以從現在開始到中秋被稱為葡萄旬節。隨著秋天的到來，茶的味道和香氣變得更飽滿，連猶豫要選擇哪一種茶都成為了一種趣味。另外，因為強而有力的優雅感而被稱為「紅茶女王」的烏巴茶，也在這個時期逐漸成熟。

尋找紅茶的夢想

錫蘭是建立斯里蘭卡大規模茶園的統治者們所取的名稱。這個名稱一直被使用到 1972 年，因此在這個島上製作並吸引全世界目光的茶，自然而然就成為了錫蘭茶。茶產地主要位於斯里蘭卡中南部山地和海邊延伸的山麓，受到斯里蘭卡茶葉委員會 (Sri Lanka Tea Board) 這一國家機關的嚴格管理。

斯里蘭卡茶葉委員會規定的茶產地分為七個區域，分別為努瓦拉埃利亞、烏達普斯拉瓦、汀普拉、烏巴、康提、薩巴拉加穆瓦、盧哈娜。其中，烏巴茶作為繼大吉嶺茶和祁門茶之後的世界三大紅茶，與努瓦拉埃利亞茶一同代表了高級的斯里蘭卡紅茶，對於茶迷來說是非常特別的茶。

烏巴是斯里蘭卡最大的行政區域之一，因此如果打算去茶園觀光，首先一定要去烏巴省巴杜勒地區的埃拉 (Ella)。埃拉平均海拔高度達 1041 公尺，擁有由巨大岩石組成的山、傾瀉而下的瀑布、英國殖民時代建造的九拱橋 (Nine Arches Bridge)、如玩具車般的慢速火車，以及用隨處可見的茶園點綴的美麗小村落。

乘著季風而來的香氣

努瓦拉埃利亞和埃拉感覺上很遠，光看照片很難去推測距離，但雖然兩地都是山路，其實只要花不到兩個小時車程就可以到達。儘管如此，兩地因為以中央的山脈為界，各自受到不同季風的影響，在努瓦拉埃利亞正值雨季的七到九月之間，以埃拉為中心的烏巴高山地區卻吹起了乾燥、清爽的風，天氣十分晴朗。

將這個時期採摘的茶葉搓揉再氧化，製成的紅茶會散發出薄荷或芝麻菜般的刺鼻香味。有時候甚至會像剛拆開包裝的痠痛貼布，湧出強烈刺鼻的香氣，令人懷疑茶葉是不是曾被存放在藥箱裡。雖然讓人感到有點陌生，但那是在秋天達到巔峰之前，僅僅這短短兩個月間才能窺見的季節香氣。

　　錫蘭茶甜蜜迷人的味道，彷彿沖泡了在五、六月陽光下曬乾的玫瑰花瓣。再次感嘆成熟紅茶的優雅魅力之際，錫蘭紅茶具有的特徵讓舌頭微微緊縮，帶來輕快的觸感，在嘴裡擴散開來，宛如爽朗的笑聲蔓延。

　　如果說阿薩姆茶是英國建構的紅茶文化專制君主，那烏巴茶就是稱王但不統治的現代立憲君主，是一位堅毅、優雅又賢明的女王，知道自己該做什麼事情。雖然不曉得是誰在什麼時候以什麼樣的標準，訂下了模糊不清的世界三大紅茶，但在斯里蘭卡的多種茶當中，我好像知道為什麼這款茶會雀屏中選。在明豔的陽光與平靜卻乾冷的大氣中，茶香逐漸蔓延，特別清楚絢爛。我一邊期待著秋意從現在開始逐漸變濃，一邊泡著烏巴紅茶。

烏巴茶

乘著季風而來的薄荷醇

乾葉
結實捲起的黑色茶葉

葉底
混合嫩葉、帶有紫色光澤的褐色

水色
透明的深紅寶石色

品茗記錄：季節特有的薄荷醇香清爽掠過之後，緊接著浮現乾燥玫瑰甜蜜迷人的香味。蜂蜜、柳杉、成熟的櫻桃。平衡出色的中等至厚重茶體，喝起來不沉重而輕快。雖然有輕微的收斂性，但之後會轉變為清爽的尾韻。

搭配訣竅：烏巴茶的風味濃厚，適合搭配奶油味濃郁的餅乾，或是加入野莓、桑葚等莓果類的磅蛋糕、肉桂餅乾與羊肉料理。

產地：斯里蘭卡

茗品季節：5-9 月

地點：烏巴省巴杜勒 (Badulla) 一帶

地理特徵：烏巴是斯里蘭卡最大的行政區域之一，主要茶園沿著巴杜勒的山稜線分布，海拔高度為 800 到 1200 公尺之間。雖然很多書都把烏巴紅茶介紹為斯里蘭卡的高地（1200 公尺以上）紅茶，但實際上烏巴地區大多數的茶園都分布在中地（600 公尺以上、1200 公尺以下）。

概要：與大吉嶺、祁門一同被稱為世界三大紅茶，是代表斯里蘭卡的優雅紅茶。

起源：康提王國 (Kandy) 一直抵抗英國直到最後，其最後的據點就在烏巴地區，因此在殖民統治剛開始的 19 世紀初期，這個地區的發展比起其他地區緩慢，不過茶園、鐵路與電氣等基礎設施卻得到了蓬勃發展。

將烏巴開墾為茶農場的代表性人物就是亨利‧奧斯瓦爾德‧荷西雅森 (Henry Oswald Hoseason)，他於 1874 年來到錫蘭島，創立了德摩達拉集團 (Demodera Group)，在 4000 英畝的土地上建立了茶園。

深入
斯里蘭卡

斯里蘭卡 (Sri Lanka) 是位於南印度右側的印度洋島嶼國家,具有山、海、湖水和高原等豐富多樣的風景,每年都吸引了無數遊客。因為可以在短時間內參觀許多不同的地區,如果有想要探訪茶產地的茶迷,斯里蘭卡是我最想推薦的地方。

在 19 世紀中後期,當時統治斯里蘭卡的英國人建造了大規模的茶園,至今茶與觀光業仍然是支撐斯里蘭卡經濟的國家基礎產業。斯里蘭卡生產的所有茶與印度相同,由名為茶會 (Tea Board) 的政府機關管理,並透過可倫坡的茶葉拍賣會銷售到全世界。

高地與低地

斯里蘭卡越往島嶼中心走,高度越高,位於努瓦拉埃利亞的斯里蘭卡最高峰為皮杜魯塔拉格勒山 (Pidurutalagala),跟著這座山周邊的中央山脈往南延伸,可以看到坐落在山間的許多茶園。根據海拔高度的不同,不僅氣溫、日照量和茶樹的生長環境有所差異,製茶的方法也略有不同。

海拔高度越高，茶色越明亮，味道越清爽乾淨；高度越低，茶色越深，越具有厚重茶體的甘甜風味。在高地會使用傳統的製茶方式，運用螺旋壓榨式揉捻機 (Rotor Vane) 將茶葉細細切碎並進行氧化；但在低地則會使用正統 (Orthodox) 的製作方法，類似印度阿薩姆地區製作全葉茶葉 (Whole Leaf Tea) 時的方法。

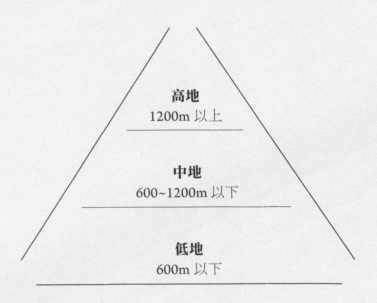

高地
1200m 以上

中地
600~1200m 以下

低地
600m 以下

七種錫蘭茶

努瓦拉埃利亞 (Nuwara Eliya)
位於錫蘭島中央山脈的最高產地。低氧化度與淺金色的茶水色會讓人想到大吉嶺茶。

烏達普斯拉瓦 (Uda Pussellawa)
從烏巴朝向努瓦拉埃利亞的路口高地產地。其特點是清爽乾淨的風味。

汀普拉 (Dimbula)

位於努瓦拉埃利亞西南邊的高地產地，因種植面積最大，會製作許多不同的茶。汀普拉茶喝起來溫和舒適，會讓人想到尼爾吉里紅茶。

烏巴 (Uva)

分布於中央山脈東側中地到高地的產地。在七到九月的茗品季節，玫瑰和薄荷醇香非常突出，為世界三大紅茶之一。

康提 (Kandy)

曾為錫蘭王國以前首都的中地產地。這裡是最早種植茶葉的地方，一提到錫蘭茶，就會讓人想起紅色茶水色的輕快風味。

薩巴拉加穆瓦 (Sabaragamuwa)

位於南部山區的低地產地。雖然茶園的規模較小，但少量限定生產的茶卻令人印象深刻。茶體厚重，會讓人想到花朵或蜂蜜的香甜味道。

盧哈娜 (Ruhuna)

位於南部海岸的低地產地。接受度高且沒什麼苦澀味的厚重茶體。一年四季皆可以採收，生產效率高。

CHA 茶的季節 與節氣

16

第十六個
節氣

秋分

秋季

阿薩姆茶
ASSAM

9 月 24 日左右

停下這一瞬間吧

　　這是個多麼令人滿足的季節？雖然從今天開始，夜晚就會變得比白天長，但依然溫暖的陽光將映入眼簾的所有事物都染成了金黃色，我被溫柔撩過頭髮的風迷惑，不知不覺愛上了這個季節。在開始秋收的田野裡，忙碌也無法掩飾興奮的心情，從容避開頻繁的降雨，紅色松樹下長出了蕈菇。大雁從北方回來的時候，懷抱著果實的毛栗子裂出些許微笑，小動物們忙著撿拾櫟樹或橡樹底下的橡子。

　　忽冷忽熱的天氣就只會出現在秋分與春分。現在是時候拿出衣櫃深處的長袖衣服了。再次摸到蓬鬆的開襟衫，那觸感真令人開心。雖然現在還有些突兀，但如果此刻不連厚重的羽絨衣都拿出來，等天氣轉冷就為時已晚了。要知道這個燦爛的季節只不過是一瞬間，令人哀傷，但也更加閃耀。「不多不少，願每日如中秋。」好希望可以像這句話一樣，我想永遠停留在這一瞬間。

　　在歌德戲劇《浮士德》的劇情高潮中，有一個畫面是浮士德與惡魔梅菲斯托費勒斯簽約時，終於講出了他的承諾。「停留片刻，你是如此美麗 (Verweile doch, du bist so schön.)」他在恢復青春、享受榮華富貴、與神話中的美女相愛的時候，都沒有說出口的話，卻在失去視力、夢想著不受惡魔影響的理想國度時，脫口而出。

就像浮士德所說的那樣，渴望能夠暫停的瞬間，在喝茶的時候也會出現。或許有人會覺得，讓我如此印象深刻的茶一定非常稀有又昂貴，但是對於喜歡紅茶的我來說，帶來這種瞬間的茶並不是什麼新面孔，而是耳熟能詳的阿薩姆。

紅茶的起點就在阿薩姆

如果喝到除了茶葉以外，沒有再額外加香氣或添加物，味道微苦，甜味卻具有深度的深褐色紅茶，那麼十之八九是阿薩姆或以阿薩姆紅茶為基底的混合茶。在生產紅茶的單一產地當中，規模最大、產量最多的地方就是印度北部的阿薩姆地區。

紅茶作為世界上僅次於水，最多人喝的大眾飲料，是從阿薩姆建立大規模茶園後展開的歷史改革。隨著西方的資本和種茶技術引入，這片土地上的茶開始朝向新的模式發展。在此之前，茶產業屬於勞動密集度很高的工作，茶是只有身分尊貴的少數上流階層才得以享受的奢侈品。但是英國人在阿薩姆建立了能夠有效管理的茶農場，並引進製茶機器，展開茶葉生產的革新，這才讓茶成為普通人日常生活中的一部分。

隨著紅茶產業的發展，斯里蘭卡、非洲、土耳其和印尼等紅茶的大部分主要產地，也紛紛引進了阿薩姆的茶樹和製茶方法。因此如果說，我們所熟知的紅茶都是起源於阿薩姆也並不為過。雖然最早製作紅茶的地方是中國福建省，但讓紅茶重新誕生於大眾生活的轉捩點卻是阿薩姆。

阿薩姆邦位於印度西北部的末端，夾在不丹、緬甸和孟加拉國之間，長得像一個皺皺的大寫字母 T。雖然從地圖上看，大吉嶺就在阿薩姆眼前，但阿薩姆與喜馬拉雅山高山地區的大吉嶺不同，是由發源自西藏高原南部的布拉馬普特拉河 (Brahmaputra) 灌溉了其寬廣的茶園，橫跨 2900 公里，最終流入孟加拉境內。

雖然大多數阿薩姆茶園都像上述一樣，廣闊分布在平緩的平原上，但英國人第一次見到克欽族茶樹，卻是在海拔高度高於其他阿薩姆地區的蒂恩蘇基亞 (Tinsukia) 以及迪布魯加爾 (Dibrugarh) 一帶，日夜溫差也比較大。這裡經常被稱為上阿薩姆 (Upper Assam)，向東沿著緬甸國境繼續走下去，就能看到中國雲南省的西雙版納州。跨越印度阿薩姆到中國雲南省和四川省的這個地方，就是茶樹誕生之地。

完美的一杯茶

阿薩姆的茶樹也像中國雲南省的茶樹一樣，放置不管就能長到約 15 公尺，茶葉很大。在這之前，歐洲人知道的茶樹就和韓國茶樹一樣，是比較小型的茶樹，因此當歐洲人一開始在上阿薩姆森林裡發現茶樹時，甚至不認為那是茶樹。採摘高聳茶樹的茶葉，不僅困難度高，也充滿各種危險性，因此西方茶農會趁茶樹還小時不斷修剪樹枝，讓茶樹不往上方，而是往旁邊生長，像伸展開來的桌子一樣。

雖然阿薩姆的茶樹乍看跟大吉嶺的茶樹很相似，但工人繁忙採摘的茶芽和嫩葉明顯較大，而且飽含水分，非常柔軟。阿薩姆生產的茶，90% 以上都是採 CTC (Crush-Tear-Curl) 製法，將茶葉經過適度乾縮後，用機器輾碎、撕裂，再迅速氧化而製成。CTC 紅茶能夠快速釋放味道和香氣，泡起來很濃，即使加入牛奶與鮮奶油也不會被掩蓋掉存在感。因此一提到阿薩姆，通常會直接先想到奶茶。

但儘管 CTC 紅茶魅力十足，以全葉製成的阿薩姆紅茶卻有另一番不同的風貌，讓人想要將品飲的瞬間納入永恆的美好記憶中。阿薩姆茶葉像栗子一樣漆黑，但到處都捲曲著宛如金黃色星星般閃閃發光的黃金毫尖 (Golden Tip)，附著在新芽上的小絨毛氧化，呈現出淡黃色的光芒。

茶杯裡盛裝著涼爽的秋天。黑麥芽糖般熟悉的酸酸甜甜氣味中，又帶著一點成熟的水果香氣。聞起來有點像糖漬桑葚，也有點像焦糖草莓。每一口茶經過的地方既濃厚，又像用天鵝絨掃過一樣柔和。我能夠理解為什麼有人說這個味道很像蘇格蘭斯貝賽地區 (Speyside) 的單一麥芽威士忌。在茶裡加一點牛奶固然好喝，但其原本的味道就已如滿月般完整。

我本來以為我對於阿薩姆已經瞭若指掌，但事實上並非如此。這種感覺大概就像愛情劇裡的陳腔濫調，偶然在外地遇見了青梅竹馬，突然在那個瞬間覺得對方充滿魅力而墜入愛河。

成熟的秋日陽光泰然自若地穿過肩膀，輕輕撫摸著桌上緊繃的茶杯和茶壺，不久後晶瑩地凝聚在茶葉之間。那個瞬間我好想鑽進時間的縫隙，尋找記憶中的阿薩姆。雖然我總是說自己只是會喝阿薩姆紅茶，稱不上忠實的愛好者，但其實我一直都很喜歡它。儘管晚了些，但我想要感謝它讓我發現對茶的喜愛和熱情。

阿薩姆茶

INFORMATION

英國紅茶的起點

乾葉
油亮的黑色茶葉上有捲曲的黃金毫尖

葉底
具有光澤和彈性的亮古銅色茶葉

水色
不暗淡的深紅棕色

品茗記錄：乾燥玫瑰和蜂蜜餅乾。讓人眼睛一亮的濃郁厚重茶體 (Full Body)。炒麥芽的濃醇香味 (Malty) 之後，緊接著是均衡又有深度的甜味。雖然有少許苦澀味，但並不明顯，順口又宜人的風味，每天喝也不會膩。

搭配訣竅：一提到阿薩姆，多半會想到奶茶，但直接喝富有黃金毫尖的正統阿薩姆也很不錯。適合搭配炸物、西式料理、藍紋起司等有強烈味道的起司，或是加入奶油、起司的濃厚甜點。而我最想推薦的是，抹上凝脂奶油和草莓醬的剛出爐的司康。

產地：印度

茗品季節：從 3 月到 11 月都可以採收。以正統製法製作的黃金毫尖阿薩姆在 6-7 月最為出色。

地點：喬爾哈特 (Jorhat) 與迪布魯加爾 (Dibrugarh) 一帶

地理特徵：印度阿薩姆地區的上方，連接著與中國有領土紛爭的阿魯納恰爾邦和不丹，下方為世界降雨最多的梅加拉亞邦。年均降雨量充裕，為 2500-3000 毫米，但近年來因乾旱而陷入困境。高溫高濕，夏季氣溫高達 35-38℃，冬季也不易降至零度以下。

概要：阿薩姆是代表北印度的茶產地，以單一產地來看，阿薩姆也是世界規模最大的紅茶產地。既是英國人首次建造的茶園，也是把英國打造成紅茶之國的原動力和大眾茶文化的先鋒。

起源：1823 年，英國東印度公司的羅伯特‧布魯斯 (Robert Bruce) 少校在地方名人馬尼南‧德萬 (Maniram Dewan) 的指引下，發現克欽族 (The Sinpho Tribe) 的茶樹。不過由於羅伯特突然離世，他的弟弟查爾斯‧布魯斯 (Charles Bruce) 接替他的志業，於 1837 年開始，在阿薩姆迪布魯加爾附近種植茶樹。1839 年，阿薩姆第一家茶公司 (Assam Tea Company) 成立，阿薩姆茶產業正式步入軌道，趁中國在兩次鴉片戰爭期間國力衰弱的機會，阿薩姆紅茶成功吸引了全世界的茶迷，成為了代表性紅茶。

印度的
茶文化

LESSON

在印度搭火車或公車時，可以聽到賣茶人 (Chaiwala) *把剛煮好的甜濃奶茶裝入水桶，擠在人群當中喊著「茶、茶、茶！(Chai Chai Chai)」的叫賣聲。通常一提到「Chai」，就會想到加入各種辛香料的香料奶茶，但其實 Chai 原本在印度語當中是「茶 (Tea)」的意思。

加爾各答 (Kolkata) 位於恆河的支流胡格利河流入西孟加拉之處，是加爾各答使用舊稱「Calcutta」時的英國紅茶核心地。現在幾乎所有印度的茶公司都聚集在加爾各答，它是印度茶文化的起源地，這裡有連砂糖都不加的清淡口味，也有滿滿辛香料的濃稠奶茶，能夠遇見許多不同模樣的茶。

在鍋裡煮出濃郁的茶，並與牛奶香醇的風味融合，這種印度奶茶除了對日本的皇家奶茶產生許多影響，對於喜愛濃稠、濃郁的韓國人而言，也是最符合口味的奶茶。

* 賣茶人 Chaiwala：製作茶 (Chai) 來賣的流動小販。

在加爾各答新市集 (New Market) 的路口，擺滿了用木製手拉車賣茶的小路邊攤 (Dhaba)。在下面把煮好的水、牛奶和茶葉、砂糖一起煮沸後，拿開鍋子冷卻。這個過程通常會重複六、七次，過濾起來的茶葉會再放回鍋中重複利用。

在韓國的咖啡廳點奶茶，每杯大約 200-300 毫升，但印度茶非常濃郁，而且只有少量的 100 毫升，會搭配餅乾等一起享用。印度茶搭配簡單加入炸雞蛋或大豆的咖哩，以及印度麵包羅提 (Roti)，就會是很棒的一餐。在吸收尼泊爾文化的大吉嶺，以餃子的一種——饃饃 (Momo) 搭配印度茶，就可以簡單飽餐一頓。

茶樹的原產地雖然是印度阿薩姆，但將印度茶文化扎根的卻是前統治者大英帝國。在印度全境生產的茶葉中，有 80% 是國內消費，可見印度人很喜歡喝茶。儘管印度仍然留有種姓制度的痕跡，茶卻是平等的。無論是上層階級的企業家，還是在路上工作的底層人民，都同樣可以享受優雅的喝茶時光。

加爾各答有豐富的紅土。如果點一杯奶茶，就會用小玻璃杯或一次性的陶杯 (Kullads) 盛裝，喝完後直接扔到地上踩碎，讓杯子重回大地。故意損壞杯子的行為雖然陌生，但卻很符合相信輪迴的印度精神。最近隨著工業發展，一次性杯子的用量在加爾各答也逐漸增加。

MAA VINDHYAVA
TEA S

CHA 茶的季節 與節氣

17

第十七個
節氣

寒露

秋季

日月潭紅玉
RUBY

10 月 8 日左右

走入十月的森林

秋意漸濃。迎接冰冷的露水，柿子、蘋果也已成熟。在中午的陽光下，雖然依稀還感覺得到夏天留下的熱氣，但也幾乎已經消散，甚至有點清冷。如果説白露是一顆顆清澈的露水，那麼寒露就是快要結凍的冰冷水珠。雨彷彿成為了顏料，每當雨停的時候，天空和山野的色調就像被反覆塗抹上色，變得越來越清晰，真是神奇。在這個時期，成熟的所有事物幾乎都變得更加完整，世界朝向最高峰奔跑。

季節不是在時間畫出的和緩曲線上慢慢前進，而是在走完平行線後，把雨當成階梯快速攀升或下降。地球暖化導致天氣異常極端，對於我們而言，四季好像只剩下夏天和冬天，甚至有人説秋天只會掠過夏天的末端和冬天的前端之間。奇亨度詩人在《十月》這首詩中，形容秋天「只能暫時觸摸一下」。哪怕只有一下子，為了觸碰這個美麗的季節，我願意往山、往原野、往樹木茂盛的地方前進，就像他所説的，因為十月的森林沒有任何過錯。

日與月的湖泊

一提到如同寒露的空氣般冰冷刺骨又帶有酸甜香氣的應季茶，首先就會想到台灣南投縣日月潭的紅玉紅茶。日月潭是台灣最大的淡水湖，周長為 35 公里，上部分是圓弧，下部分則細長宛如新月，因此被稱為「日月潭」。

從發展歷史比台灣首都台北還要悠久的台中搭乘公車，沿著山路往上顛簸約兩個小時後，就會被平緩丘陵之間的茶園，以及閃閃發光的湖泊，這些如夢似幻的祕境吸走視線。

通常提到台灣的茶，就會想起帶有清香的青茶，不過代表日月潭所在之處──南投縣魚池鄉的茶，則是紅茶。這裡比印度阿薩姆地區的緯度還要低，氣候炎熱潮濕，丘陵平緩，日夜溫差大，擁有種植紅茶的優越條件。

彩虹色的魅力

如今代表日月潭紅茶的「紅玉 (Ruby)」是在 21 世紀來臨之際，也就是茶業發展史末端才登場的新生代茶。1999 年，負責研究與管理茶樹品種的台灣茶葉改良場，將台灣的野生茶樹與來自緬甸的大葉種茶樹配種後，產生出新品種的台茶 18 號，取名為紅玉。

聽說這是目前為止從未出現過的新茶，我懷抱著激動的心情喝了第一口，清涼的香味縈繞，宛如從早晨清新霧氣包圍的湖邊吹來的一陣風，熟悉的薄荷香令人想起烏巴茶。

再次倒入熱水，這次的味道是在蘋果上沾了糖漿而凝固的糖葫蘆。第二杯茶融合了鮮紅蘋果皮既苦澀又酸甜的香氣，以及糖漿的甜蜜味道。接著第三杯茶多了黑棗汁濃郁的甜味，之後是沾了巧克力的鳳梨乾、椰棗和桂皮等，不斷產生新的味道。這種茶每次沖泡的時候，總是會展現與之前不同的樣貌，令我相當驚訝，不曉得那些味道到底藏在何處，就好像七色彩虹一樣。

日月潭紅玉具有如此多彩多姿的魅力，橫跨了紅茶的歷史，均衡融合了各自發展的東西方喜好。在中國紅茶中少見的淡淡澀味在嘴裡散開，還擁有在歐洲人建立的茶園中大量生產的紅茶所沒有的深度與從容，深深扎根在茶內的世界。

夏天消退之際，日月潭紅玉的香氣會變得更加細緻，韓國大約在十月可以買到這時期的日月潭紅玉應季茶。不只是海苔飯捲，連和普通便當都很搭的紅玉紅茶也成為秋季郊遊的好同伴。

偶爾在前往秋天的森林之前，除了帶裝有熱水的保溫瓶之外，再辛苦一點，多帶上茶杯、茶壺或蓋碗吧！在傾斜的秋日陽光下席地而坐，世界上獨一無二、沒有牆壁的茶室，就在這裡展開。你很快就會見到，季節帶來的光和風融化在茶水裡的瞬間。

日月潭紅玉

一舉征服東西方茶迷的紅茶新星

乾葉
仔細曬乾的長螺旋形黑色茶葉

葉底
帶有黑綠色的暗古銅色

水色
融化秋光般的晶瑩紅色

品茗記錄：在清涼的薄荷醇香之後，有夜來香、蘋果皮和鳳梨的香氣。清爽的澀味在嘴裡輕快悠轉的中等至厚重茶體。黑棗乾與桂皮的甜蜜味道。

搭配訣竅：首先建議用蓋碗享受茶的多樣面貌。紅玉具有清涼的滋味，因此也可以做成冰茶。濃郁清爽的甜味，即使搭配使用了

大蒜或辛香料的料理也不會輕易被蓋掉。很適合搭配西班牙的塔帕斯 (Tapas) 料理，也推薦用橘子等酸甜水果製作的點心。

產地：台灣

茗品季節：7-9 月

地點：南投縣魚池鄉日月潭附近

地理特徵：南投縣魚池鄉位於台灣內陸山區海拔 500-800 公尺的地帶，屬於亞熱帶季風氣候，一年四季皆可製茶，7 月到 9 月乾季期間收穫的茶最受歡迎。年均溫為 20℃左右，因為有台灣最大的淡水湖日月潭，經常起霧，相對溼度為 80%。

概要：這是用 1999 年以後新登場的品種——台茶 18 號所製成的台灣獨創紅茶。夏天收穫的茶具有薄荷的清涼香味。

起源：台灣的紅茶種植始於從 1895 到 1945 年佔領台灣的日本人。他們於 1923 年在台灣和日本九州地區的四個地方種植了印度阿薩姆茶樹的種子，但只有南投縣的魚池鄉種植成功。日本農學家新井耕吉郎從 1926 年開始，努力將日月潭一帶的魚池鄉開發成茶園，並在這裡建設了紅茶試驗支所（現為茶業改良場魚池分場），於 1936 年正式生產紅茶。繼阿薩姆之後，他又引進了緬甸的大葉種茶樹等，努力製作台灣獨有的紅茶品種，不過最終未能實現。1999 年，台灣茶業改良場把他所種植的緬甸茶樹和台灣野生茶樹進行配種，創造出了不曾存在的紅茶新品種——台茶 18 號，並將其命名為紅玉。

CHA 茶的季節
與節氣

18 第十八個
節氣

霜降 秋季

武夷岩茶
WUYI TEA

10 月 23 日左右

美好的一天

　　一天一天堆疊起來的一年當中，通常會迎來幾次難忘的瞬間。尤其是秋天逐漸離去的時候，必須要先做好心理準備。如果下雨了，隔天很有可能一切都會改變。在早上起來開門，看著特別幽深的山與天空，恍然大悟——今天是比任何時候都還要特別的日子。

　　綠意離開後，剩下的顏色染上了山與田野，已經有許多前人用華美的文字來描寫這個美麗的季節，以後也將有更多的形容語辭出現。在晴朗的日子裡，蔚藍的天空和悠閒灑落的陽光令人感到滿足，毋需多言。在雨天或陰天，樹木獨自染成紅色與黃色，變得越來越清晰。

　　在這個璀璨豐饒的陰影之下，秋天正邁開離去的腳步。霜降意味著霜的降落，這時候所有的生物都會開始做起迎接冬天的準備。在寒冷卻美麗的一天，季節對我們揮手道別，而那第一天抵達的信號，就是霜。

朱熹喜愛的武夷山

隨著陽光落在桌上的時間明顯縮短，下午的喝茶時光也一天比一天珍貴。雖然這個時候不管喝什麼都很滿足，但如果要選出一種最符合秋天的茶，那就一定是武夷岩茶。武夷岩茶是從中國福建省武夷山岩縫中生長的茶樹上，摘下茶葉後所製成的茶。

武夷山有 36 座山峰和 99 顆岩石，風景既奇特又豪壯，也是南宋學者朱熹建造武夷精舍，並集理學之大成的地方。武夷山原本就是歷史悠久的茶產地，珍貴到能夠上供給皇室，卻是直到 17 世紀後，把茶葉氧化成紅色的新製茶方式出現，它的名字才傳遍世界。如果說中國茶為了應對歐洲茶市場而製作出的茶是紅茶，那麼青茶可以說是在中國悠久茶文化的脈絡中，根據自己的喜好潛心發展至今的茶。

製茶時，通常會以為幼葉越多越好，但武夷岩茶等青茶都是用已經完全生長的茶葉所製作，這樣的茶葉才能在反覆做青與烘焙的過程中堅持下來，所以其採葉時間比綠茶類還要晚一些，完成後也經常被裝在布袋裡，放在陰涼處保管、冷卻熱氣。

岩骨花香的描述

在武夷山岩縫中生長的野生茶樹種類近千餘種，其中被選出的優良品種稱為「名欉」，最廣為人知的有四大名欉，即大紅袍、鐵羅漢、水金龜、白雞冠。

但是在武夷山製作的大部分青茶都使用四大名欉以外的「肉桂」和「水仙」品種。就像「香不過肉桂，醇不過水仙」這句話一樣，若不修剪枝葉就會長成大樹的水仙具有濃厚的風味，極具魅力；肉桂則如其名，刺鼻香甜的氣味讓人想到薄薄捲起的斯里蘭卡產桂皮。

這兩種茶與四大名欉一樣具有悠久的傳統，容易購買。如果挑選得好，就可以充分享受到武夷岩茶的特點——岩骨花香，意思就是「在岩石縫隙裡盛開的花朵香氣」。武夷山的茶樹圍繞著岩石，深深紮根，慢慢生長，用這裡的茶葉製作的茶，擁有高雅又濃厚的花香，以及重複沖泡也不輕易變淡的骨氣。

如果要說明武夷岩茶的味道與香氣，那就不能不提到岩韻。岩韻是集合茶的顏色、香氣與味道於一體的抽象感覺，是一種用來敘述武夷山的自然環境等地理特徵以及武夷岩茶的方式。

當茶壺加熱，熱氣傳遞到裡面的茶葉時，就會散發出在硯台上磨墨時的清爽香氣。泡好的茶呈略有紅暈的琥珀色，流速緩慢，含入嘴裡的一口茶雖然簡單清淡，卻具有震懾味覺的厚實感。如果說厚重茶體的阿薩姆紅茶是透過層層堆疊分量感的油畫，武夷岩茶就是在留白中增加物體深度的東洋畫。

偶爾毫無顧忌地揮灑毛筆，細膩描繪乾枯晚秋的風景，在茶杯裡呈現出一幅山水畫。這是一首擁有四個樂章的交響曲，也是一旦翻開書頁，便絕對停不下來的大河小說。就像遇到觸動心靈的故事後良久無法回神一樣，喝完武夷岩茶後，就會陷入餘韻當中，好一段時間想不起其他種茶。

如果說春天是誕生的季節，那麼秋天或許就是落下的季節。不過在那下坡路的某處，世界彷彿重生般迎來耀眼的一天。清涼甜蜜的空氣與昨天不同，我在耀眼的陽光下獲得了重新前進的力量。

　　每當對生活感到卻步，工作又受挫的時候，肩膀就會往下垂放，眼睛自動朝向地面，但現在是必須抬頭描繪天空以及樹木的時候。雖然秋天即將落下帷幕，但大家都在傾聽武夷岩茶的岩韻所描繪的故事，並滿心期盼再次登上舞台的新劇展開。

武夷岩茶 肉桂

集合茶色、茶香與茶味的獨特岩韻

乾葉
稍微以螺旋狀捲曲的黑色茶葉

葉底
綠葉兩邊帶有明顯的紅色邊框，整體為暗綠色

水色
微暗的橙色

品茗記錄：肉桂、黑棗乾、桑葚和甜甜的雪茄般，隱約似紫羅蘭和丹桂的香氣。就像芒果一樣擁有堅硬核心的中等茶體 (Medium Body)。茶的餘香持久。

搭配訣竅：把茶泡得濃郁一點，享受茶本身的厚實感。如果以品茶為重點，可以佐配果乾、堅果或米香等輕巧的零食。此外，可

以搭配大火快炒的蔬菜或蕈菇料理，再加上奶油也很適合。特別推薦抹有杏桃或柑橘醬的吐司，再加上肉桂。

產地：中國

茗品季節：5-6 月

地點：福建省武夷山正岩茶區

地理特徵：武夷山是包括江西省連江縣和福建省武夷山市在內，總面積達 999.75 平方公里的山區，最高山峰為海拔 2158 公尺的黃岡山。黑紅色的奇岩怪石沿著九個溪谷形成，綠水與紅山互相融合，被稱為碧水丹山。年均溫為 12-13℃，年降雨量超過 2000 毫米，常年氣溫穩定，相對溼度為 85% 左右。每個山谷都會起濃霧，不易散去。

概要：肉桂和水仙是在武夷山一帶最常見的茶，保留了 17 世紀首次製作的青茶模樣，其特點是具有沉重的花香，以及餘韻悠長的岩骨花香和岩韻。

起源：自從 17 世紀開發利用酵素氧化的製茶法後，武夷山的茶開始揚名世界。武夷山是座岩石山，環境難以廣泛、密集地種植茶樹，幾乎都是階梯型的小規模茶園，且分散在許多地方。如果想要製茶，需要把各地的茶葉裝進籃子收集起來，送達山下的廠房。在籃子裡搖晃碰撞的茶葉邊緣會被染成紅色，這樣殘缺不全且枯萎的茶葉反而會散發好聞的香氣，當地茶農發現這一點後，便將其發展為製作青茶和紅茶的新方法。

武夷岩茶的
代表品種

位於武夷山中心 70 平方公里的限制區域內生長的茶樹所製成的茶,被稱為「正岩茶」,價格非常高。在這裡生長的品種當中,生產效率和品質優秀的茶樹被稱為名欉,其中廣為人知的大紅袍、鐵羅漢、水金龜、白雞冠被稱為四大名欉。

1. 大紅袍

被稱為「茶王」的武夷岩茶代表茶。2006 年,大紅袍母樹被禁止採葉,目前市面上的大紅袍都是從母樹剪下枝條作為插條所繁殖的茶樹。茶葉的尾端微紅,香氣尖銳,但味道厚實柔和,岩韻明顯留在舌上。

2. 鐵羅漢

最早獲得名欉之稱的茶樹,雖然並不強烈,但越喝越能感受到淡淡的香氣。味道非常均衡,在礦物質堅硬且具有深度、沉重的味道之後,卻是清爽的餘韻,令人印象深刻。

3. 白雞冠

意為「白雞之冠」，春天長出來的新芽輕薄，末端稍微彎曲，在陽光照射下閃閃發光，十分美麗，繽紛的桂丹香和橙子蜂蜜的香氣巧妙地交織在一起，極具魅力。

4. 水金龜

意為「生活在水中的金色烏龜」，生長完全的茶葉很厚且具有光澤，看起來宛如淋過雨的烏龜殼，因而得名。與其他名欉相比，它具有溫和的香氣與柔和的甜味，大眾接受度高。

5. 水仙

武夷岩茶的代表品種當中唯一的喬木型茶樹。屬於大葉種，因此葉子很大，生產效益非常高，不僅在武夷山，也在福建省南部地區和廣東省深受喜愛。幽深的蘭香和清新果汁香味縈繞，柔和深厚的甜味非常卓越。

6. 肉桂

從 1980 年代開始正式栽種，在武夷山也是最受大眾喜愛的品種，因此不難取得。刺鼻又優雅的香味近似薑花，緊接在後的濃郁茶風味也令人滿足。如果是第一次喝武夷岩茶，我最推薦這款茶。

冬
Winter

茶樹在冰雪之下沉睡，彷彿忘記了失去色彩的白色世界。在這個
季節裡，待在家中的時間比往常來得多，很需要仰賴茶的溫暖度
過每一天。有時候也和家人朋友開心玩起大人的扮家家酒，用祁
門茶、普洱熟茶，以及連寒冷都能夠融化的甜蜜熱茶，一起度過
這季節的夜晚。

CHA 茶的季節 與節氣

19

第十九個
節氣

立冬

冬季

早餐茶
BREAKFAST
TEA

11 月 7 日左右

準備過冬

　　每天早晨與被窩彷彿生死離別。從不曉得有多不想清醒的夢中醒來，想像自己是成為了蟲的男人，化身為棉被的蛹。這才只是冰山一角，當開始覺得起床是一件艱難至極的事情時，天氣迅速變冷了。

　　在立冬將臨、土地結凍之前，趕緊種下大麥，為冬天做準備。當然也不能忘記備好過冬用品，例如厚重的棉被、暖氣。立冬就像立春、立夏和立秋一樣，雖然還沒有達到節氣字面上的季節，但必須從此刻開始，為季節的交接提早做全準備。

　　茶迷過冬的準備，會從挑選陪伴自己一整個冬季的茶開始。在漫長而嚴峻的寒冷時節，停留在家裡的時間自然比較長。凜冬越肆虐，一杯讓人暫時忘記寒冷的暖茶就越甜美。沒有特殊的理由，但在冷冷的季節裡，紅色或茶褐色的深色茶，總是比綠茶等淺色茶更具吸引力。其中，早餐茶更是不管何時都能帶來無盡的幸福，在連選茶都略感倦怠的日子裡，早餐茶成為了一道亮光。

世界上的所有早晨

　　如果只能擁有一種茶，我一定會選擇英式早餐茶 (English Breakfast Tea)。在百貨公司或超市中常見的英式早餐茶，顧名思義就是英國人在吃早餐時喝的茶，但不一定只能在早餐喝，也不是只在英國販售。

　　雖然它是世界上最常見的紅茶名稱，但每間公司都是以不同配方製作，展現各調茶師以自身茶學傾注的心血。如果想要在第一次接觸茶品牌時，就能夠了解該公司挑選及製作混合茶的功力及概念，可以選擇早餐茶。因為早餐茶是一個茶品牌的核心。

　　經典的英式早餐茶主要由阿薩姆、錫蘭與肯亞紅茶混合而成。雖然是濃郁的厚重茶體，但就算加入牛奶或砂糖也不會膩口。印度、肯亞和斯里蘭卡依序為世界上生產最多紅茶的前三名國家，備受矚目，且三個國家都屬於大英國協，這一點也很有趣。

　　現代英國沒有生產紅茶的大規模農場與加工設施，但具有冒險精神的英國茶農以前在未知土地上開墾的茶園，至今仍在上述三個國家活躍發展。他們努力不懈地持續耕耘，讓英式早餐茶這個名稱一直延續至今。

　　在強調英國紅茶正統性的茶品牌當中，英式早餐茶很少使用非大英國協成員國的茶葉。雖然愛爾蘭早餐茶的產地本身很類似，但英式早餐茶使用了大量阿薩姆和肯亞等非洲地區的 CTC 紅茶，因此比其他地區的茶更濃郁、有深度。另外，北美地區的公司經常只混合祁門或雲南等中國紅茶來製作早餐茶，這與美國獨立戰爭後和英國的邦交惡化有關。

最普通的紅茶

從大英帝國時期到現在，市面上流通的大部分紅茶都不是產自各農園的同一批次，而是調配不同地區的優良茶款來降低價格的混合茶。當然，其核心就是早餐茶。

如果問起早餐茶當中的英式早餐茶味道怎麼樣，大部分的人都會回答：「就是紅茶的味道」。因為早餐茶是英國紅茶史開闢以來，最徹底滲透到大眾生活中的茶。但是這種茶最大的魅力，也就在於它的普遍性。

每天把茶水倒進茶壺裡，是我開啟新一天的儀式感。絕情離開與自己融為一體的被褥，用還沒睡醒的笨拙雙手將水煮沸，拿出茶壺均勻預熱，再放入茶葉、熱水，意識矇矓地等待著說長不長、說短不短的三分鐘過去。飽滿的厚重茶體應該是阿薩姆，散發出讓鼻子發癢的輕快香氣是錫蘭嗎？溫柔包覆這些味道的八成是香甜的肯亞，又或許是馬拉威或坦尚尼亞。這是一個深沉、強健又朝氣蓬勃的早晨開端。

雖然早餐茶的種類根據個人喜好有所不同，但此時此刻，用一杯熱茶開啟一天的人肯定不勝枚舉。一邊準備過冬，一邊為愛茶者的所有早晨加油。

早餐茶

致世上所有的早晨

哈洛德英式早餐茶 14 號
Harrods English Breakfast No. 14

乾葉
黑紅混合、葉子有大有小的茶葉

葉底
展開的亮赤銅色葉子

水色
帶有紅色的深茶褐色

品茗記錄：甜蜜中帶點苦味的厚重茶體 (Full Body)，在些許的澀味之間取得絕妙的平衡。優雅的紅茶香氣在阿薩姆和肯亞中自由穿梭，每次沖泡都會有些微的不同，非常具有魅力。

搭配訣竅：可以直接喝，也可以學習英式作法，加入一、兩茶匙左右的牛奶。很適合搭配全套英式早餐 (The Full Breakfast)*等味道重的食物，或是抹上厚厚凝脂奶油的司康、生乳酪蛋糕、布朗尼等甜點。

產地：英國

茗品季節：四季

地點：倫敦騎士橋哈洛德百貨公司

地理特徵：英國在北半球相對高緯度的位置，除了夏天短暫的時期之外，大部分都是又冷又濕的雨天。尤其是秋天過後，太陽很快下山。由於紅茶就算常喝也不像咖啡一樣傷胃，因此迅速在大眾之間佔據了一席之地。

概要：最像紅茶的紅茶。英國紅茶最具代表性的混合茶傑作。不管搭配什麼食物都不突兀，為下午茶時間的常客。

起源：雖然名稱是英式早餐茶，但據說是蘇格蘭愛丁堡的羅伯特・德賴斯代爾 (Robert Drysdale) 所發明。他混合了適合英國傳統厚重早餐、令人眼睛一亮的濃郁茶類，並將其取名為早餐茶。雖然起初使用的是來自中國的紅茶，但味道更濃郁的印度阿薩姆紅茶與便宜的錫蘭紅茶傳入英國後，逐漸取代了中國的紅茶。1892 年，維多利亞女王造訪英國王室位於蘇格蘭的避暑別墅巴爾莫爾城堡 (Balmoral Castle)，品嚐過早餐茶後給予極高評價，並將其引入倫敦，才逐漸受到眾人的歡迎。

* 全套英式早餐：英國的道地早餐組合，包含培根、香腸、雞蛋、焗豆、薯餅等。

製作自己的專屬早餐茶
：混合茶的基本調配法

LESSON

早餐茶的核心價值，就是常喝也不膩的日常茶。如果在市售的產品中能夠找到符合自己喜好的優秀茶款，那當然很好，但用喜歡的茶葉來製作只屬於自己的完美混合茶也非常有意思。我準備了簡單的教學，在家裡就可以馬上試做看看。

1. 先決定想調配的茶

決定想要製作的混合茶主題。想好茶的香氣、味道，以及茶的濃郁度等，儘可能擬定具體的感受。這是非常重要的第一步。

例如：我想要一款濃郁到會讓我在早上眼睛一亮，喝起來卻溫和又舒適的早餐茶。

2. 挑選符合特性的材料

依照第一步驟擬定的形象，儘量把符合的元素（茶種）羅列出來，然後從中挑選三、四種。在起步階段，最好挑選茶葉大小相近、相同種類的茶。

例如：早餐茶的濃郁感，可能來自阿薩姆、盧哈娜、肯亞、雲南滇紅，為了做出接受度高的茶，全葉茶是最好的選擇。如果想要溫和收斂濃茶，則可以拿出雀舌、祁門、蜜香紅茶等，仔細聞各自的香味並觀察葉子。

3. 將各元素沖泡成茶

使用品嚐杯 (Tasting Cup)，以相同條件沖泡出每一種茶。如果沒有品嚐杯，也可以用相同大小的碗，將葉子裝進過濾袋中沖泡。重要的是，用量與時間必須相同。

例如：在第二步驟中選出阿薩姆、盧哈娜和雀舌，分配沖泡在品嚐杯中。

4. 以 1：1 的比例混合

準備好杯子或小碗，將泡好的茶各舀一匙後混合，品嚐味道。這樣就可以先確認應該多放或少放哪些茶。

例如：在杯中分別舀入一匙阿薩姆、盧哈娜和雀舌，混合後，雀舌的香氣比想像中強烈。

5. 根據調配結果調整比例

改進第四步驟過與不及的部分後，重新嘗試、混合不同比例，直到找出最理想的口味。

例如：阿薩姆、盧哈娜和雀舌的比例在 2：2：1 時最為理想。

6. 混合茶葉沖泡

按照第五步驟的比例將茶葉混勻後，沖泡品嚐。茶葉每次混合的總量最好超過 10 公克，雖然可以更少量製作，但無論量得再準確，還是不如用充足量沖泡出來的味道精準。

例如：將 4 克阿薩姆、4 克盧哈娜和 2 克雀舌的茶葉混合後，取一些出來用品嚐杯沖泡。

7. 細部調整與命名

假設對於第六步驟的結果很滿意，那就維持這樣。但如果有想要多加的材料，也可以再做細微的調整。

例如：雖然很喜歡混合後的味道，但為了增加視覺性，再混入一些不影響茶味的蝶豆花瓣，並將其命名為「藍色早晨」。

司康與紅茶的
奶油茶點 (Cream Tea)

LESSON

最適合搭配英式早餐茶的是介於麵包和餅乾間的司康。司康是一種英國傳統點心，用高筋或低筋麵粉都可製作，有時候也可以做成鹹口味代替一餐。茶、凝脂奶油、果醬和司康組合，被稱為「奶油茶點 (Cream Tea)」。

將牛奶煮滾後，取浮在表層的乳脂經凝固處理，即形成凝脂奶油 (Clotted Cream)。凝脂奶油起源於英國西南部的德文郡，因此奶油茶點也被稱為「德文郡茶點 (Devonshire tea)」，是在英國任何一間茶室都可以看到的品項。橫向切開司康後，抹上奶油和果醬吃，著重於細節的英國人，經常因「先抹奶油，還是先抹果醬」而展開激烈的辯論。

基本的英式司康造型是用圓形模具製成的圓筒狀，名稱源自於蘇格蘭君主們用於加冕儀式的「司康之石 (Stone of Scone)」。因此如果直向掰開司康，就會被嘲諷為「把刀對準王座的叛徒」。果醬通常是草莓或覆盆子等莓果醬。另外還有一種常見的吃法，是先塗抹檸檬蛋黃醬 (Lemon Curd) 後，再淋上蜂蜜、糖蜜等金色的糖漿，稱為「雷聲與閃電 (Thunder and Lightning)」。

CHA 茶的季節
與節氣

20　　　第二十個
　　　節氣

小雪　　　冬季

　　　祁門紅茶
　　　KEEMUN

　　　11 月 22 日左右

初雪來臨之前

現在有點冬天的感覺了。小溪結了薄冰，所有生物逐漸銷聲匿跡。落葉被雨水沖刷到褪色的街道上，凋零的行道樹讓景色更顯荒涼。但是從樹木的角度而言，樹葉掉光表示今年所有工作已經順利完成，比起空虛，更像是圓滿卸任般一派輕鬆。十二月被稱為慶典之月，在這個一年最後的月份裡，該做的事必須在月底前結束才行，我連羨慕樹木的時間也沒有，每一天都萬分忙碌。

冬天最直接的季節象徵非雪莫屬，小雪這個名字也是得名於第一次下雪的節氣。雖然雪造成了許多人的不便，但對於生長在溫暖南部的我而言，每當看見一片冰天雪地，我就會一掃陰霾，像庭院裡的麻雀般雀躍。

下雪之前緊繃的空氣與味道也讓人心生喜悅。隨著氣溫一天天下降，空氣變得更加純淨，清爽的香氣撲鼻而來，與從黃昏那頭飄來的煮飯香氣結合在一起。離下雪的日子越近，季節的味道就越淡，大氣潔白乾淨地像上班前熨燙好的直挺襯衫。在等待初雪的時候，我常常想起祁門紅茶。

紅茶界的勃根地

　　通常被稱為「祁紅」、「祁門工夫紅茶」的祁門紅茶，一開始就是鎖定西歐市場而製作的茶種。當時，阿薩姆茶園某種程度上已經在英屬印度佔據了一席之地，悄悄窺探中國紅茶的要塞。後來祁門的茶農根據歐美消費者的喜好，製出具有深度風味的高氧化茶，並加入只有宗主國才能體現的幽香。

　　有趣的是，祁門紅茶既不是中國首次製作的紅茶，也不是第一次傳入歐洲社會的茶，但它卻以中國的代表性紅茶聞名至今。現在只要看到歐洲茶品牌提到中國紅茶，絕大部分就是指祁門紅茶。一想到在「祁門紅茶」登場之前，祁門茶農們曾經效仿的江西省寧紅茶和福建省閩紅茶，也曾以「工夫紅茶」的名稱在西方市場大受歡迎，就覺得格外諷刺。

　　在阿薩姆和錫蘭製作的茶，以親民的價格與合理的品質吸引大眾目光，同時，祁門紅茶因為具有與這些產地截然不同的魅力，被稱為「紅茶界的勃根地」，深入英國上流階層，成為伊莉莎白二世女王等英國王室最喜歡喝的茶。

蘋果與雪花的味道

十一月中旬過後，我突然去了一趟祁門，單純因為冬天快到了，我很想喝好喝的祁門紅茶。十月過後是茶旅的淡季，因為幾乎所有祁門的茶工廠都已經停止生產，直到三月之前都是休耕期，就算現在去了也沒什麼東西可看。

茶公司為了遊客而經營的住所裡，客人只有我們。待在那裡的期間總是烏雲密布，天氣陰沉，空蕩蕩的街道顯得更冷清。經過多方打聽，我們終於找到了以前在國營茶廠製茶的師傅，並請他為我們泡一杯祁門紅茶。

混合金色細絲，以及細細捲起、黑中帶光澤的小茶葉，與記憶中的祁門茶一模一樣。清澈的紅柿色茶水邊緣圍繞著明亮的蜂蜜色，宛如具有生命力般在茶杯裡蕩漾。在口腔中隱隱留下花的痕跡後，緊接著是酸酸的香氣，就像喝了一口蜂蜜水般濃郁、涼爽的茶，如同泡在紅茶中的瑪德蓮蛋糕，喚起我陳舊的回憶。

位於果園中間的農舍，一到下雪天就會悄靜無聲。爐灶裡的柴火不停燃燒，門外的寒冷煙消雲散，但炕頭太熱了，我經常躲到最角落去，門旁總是放著一籮筐奶奶為孫子挑選的蘋果。就算想吃雪花而望著天空跑來跑去，落入眼睛的雪還是比進到嘴裡的多，我玩累後拖著疲憊的身軀回來，將吃雪花的念頭拋到腦後，連皮一口咬下香甜的紅蘋果。在乾澀的果皮之後，散發出夏末的金木樨花和玫瑰枯萎的香氣，但那味道很快就被冰冷、甜蜜的果汁沖淡。記憶中瞞著大人偷吃的雪，味道幾乎和當時吃的蘋果融合在一起。

聽到製茶師傅說，他父親也曾經在祁門製作紅茶的故事後，我的意識又再次被帶回現實。師傅身旁坐著一位長相與他極其相似的年輕人。喝完茶後，我們一起走在茶園的緩坡上，他說他即將退休，也會像他的父親一樣，把這份工作傳承給他的兒子。如果沒有意外，剛才見到的人應該會繼承這份衣鉢。

　　回到首爾的那天就是小雪。如果能夠像電影場景一樣，下飛機後正在飄雪就好了。但那種事情當然沒有發生。我把那年的祁門紅茶取名為小雪，每當年末繁忙的時候，我就會想起茶花盛開的十一月祁門。蜜蜂忙碌飛在酸甜、刺鼻的花朵間，不知名的鳥在霧的另一端鳴叫，這樣的茶園彷彿是一場夢。

祁門紅茶

英國女王也臣服的「紅茶界勃艮地」

乾葉
具有光澤的金色芽與黑色茶葉，
緊緊捲在一起的細小葉子

葉底
陶器般淡淡柔和的色澤

水色
淡紅色，彷彿晚秋的紅色陽光

品茗記錄：乾燥玫瑰、桂花和無花果的香氣中，夾帶紅玉蘋果皮的香甜。輕盈到中等茶體。味道像若隱若現的木頭、椪糖，加上馬達加斯加可可碎粒。高雅的清香，不苦不澀，非常順口。

搭配訣竅：可以直接品飲，也可以泡得濃郁一點，再加入一點點牛奶，做成英式的優雅奶茶。適合搭配反轉蘋果塔等酸甜的水果

甜點，以及所有「Bean to Bar」巧克力*。

產地：中國

茗品季節：6-8 月 / 4-10 月採葉

地點：安徽省祁門縣歷口、閃里和平里一帶

地理特徵：大規模的茶園坐落在從平地到海拔 600-700 公尺左右的丘陵地帶邊緣。樹木繁茂、四季溫和，就算冬天也很少降到零下溫度，年均雨量約 1600 毫米，十分充沛。不只是祁門，附近的池州與東至也有廣闊茶園，在那裡生產的茶也算是祁門紅茶。

概要：祁門是全世界最廣為人知的代表性中國紅茶，也是中國十大名茶中唯一的紅茶。以混合花朵、核果類水果以及蜂蜜香味的祁門香聞名，被稱為「紅茶界的勃根地」。面對印度和斯里蘭卡紅茶的崛起，依然鞏固了茶葉宗主國的地位。

起源：胡元龍（1836-1924 年）出生於祁門南邊的平里鎮貴溪，身為在地鄉吏，他從很早就開始開墾這一帶的山區、建立茶園，並以寧紅工法製作紅茶。此外，福建省的官吏餘幹臣也於 1875 年回鄉後，在安徽省東至（至德縣）成立了茶公司，隔年，擴展至祁門的歷口和閃里。同一時期，祁門北邊的池州也開始生產紅茶，三個地區當中，無法確切知道哪一區最早開始生產。

祁門在當地的發音為 Qimen，載茶到歐洲銷售的人翻成閩南語，因此在海外祁門被稱為 Keemun。

---

*Bean to Bar Chocolate：從可可豆到巧克力塊一條龍作業，完整保留可可脂與可可塊養分的巧克力。

CHA 茶的季節
與節氣

21　　第二十一個
　　　節氣

大雪　　冬季

　　　大吉嶺
　　　秋摘茶
　　　DARJEELING
　　　AUTUMNAL

　　　12 月 7 日左右

在雪中沉睡

我感受到悄聲的動靜，拉開窗簾一看，果然正在下雪。我好像被迷惑了一樣，坐在窗邊，寂靜在黑暗的另一頭向我搭話。彷彿深深沉入水裡再浮上水面般，我的耳朵嗡嗡作響。周圍的一切都像包裹著厚重的棉被，就連圍著臉的空氣都舒服、安穩。

每次到了大雪的節氣，因為一年的農活與過冬準備都差不多結束了，大部分的農戶會開始短暫休息，反正下雪又那麼冷，在外面能夠做的事情也不多。冬天完全到來時下的雪被稱為大麥的被子，柔軟的雪堆積起來，覆蓋住小麥與大麥的芽，讓它們免於凍結，地底下的蚯蚓和有益的微生物才得以過冬。

在下雪的國家中，人們相信必須下足夠的雪，隔年才會是豐年。所以在以前的陰曆十一月、十二月，如果沒有下雪，就會舉行祈雪祭。這時候大吉嶺的茶工廠也暫時休息。喜瑪拉雅山坡上的茶樹結束了一年的疲憊，現在正蓋著溫暖的棉被，睡得香沉。茶樹開始冬眠之前，最後可以見到的茶就是大吉嶺秋摘茶。

光之慶典

　　在印度的國教印度教當中，印度國定曆就像韓國的陰曆一樣，也是以月亮的圓缺來當判斷標準。十月底到十一月上旬之間，第八個新月升起的日子就是一年的開始，在那天的前後五天期間，印度全國會舉行一年當中最大的慶典。

　　在梵語中意為光之慶典的排燈節 (Diwali)，是為了讚頌財富女神 (Lakshmi) 所舉辦的新年慶典，源自於古代印度的秋收節。為了驅逐邪惡的氣息，各地都會點著燈，把稱為藍果麗 (Rangoli) 的美麗圖樣畫在地上以迎接女神，也會放鞭炮和煙火。這個熱鬧慶典的到來，代表漫長的雨季結束，終於迎來大吉嶺的秋天。

　　這個時期由於中間夾雜著雨季，秋天來得比較晚一些，但此時在一年四季都被雲霧圍繞的大吉嶺，可以看到難得一見的晴朗天空，也是三個茗品季節當中最悠閒的時刻，因此我最推薦在這時候前往大吉嶺茶園觀光。在排燈節搖曳的燈光下，大吉嶺迎來第三個應季，茶葉靜靜地發芽。

如冬眠般香甜

　　有些人認為春摘茶最好，其次是夏摘茶，品質最差的茶則是秋摘茶。但其實大吉嶺的三個茗品季節，分別具備該季節獨有的味道和個性。春摘茶清新、夏摘茶成熟，而秋摘茶則是一年當中大吉嶺茶最香甜的時刻。

　　光之慶典期間，在晚秋的太陽下成長茁壯的茶葉會隨著冬天的到來，變得越來越香甜優雅。這是因為大吉嶺的茶樹為了度過喜馬拉雅山的嚴冬，需要補充足夠的營養成分，而一般來說，植物用來消耗能量的物質就是碳水化合物等醣分。

　　大吉嶺秋摘茶與其他季節相比，苦澀少，甜味持久，很適合給剛開始愛上紅茶的人。秋摘茶因為前面提到的刻板印象，往往被賦予次等的評價，所以價錢不昂貴。整體而言，它的品質非常優秀，CP 值很高，這也是我期待秋摘茶的原因之一。

在晚秋收穫、寒冬享用的大吉嶺紅茶，就像假日早晨中可以自由睡懶覺的溫暖被褥。我想起了裹著被體溫烘暖的棉被，一邊剝著橘子吃，一邊翻看漫畫的寒假回憶。

這是剛烤好的布里歐麵包和日曬棉被散發出的陽光香氣，是橡實、榛果或落葉腐爛後的泥土氣息，也是初雪來臨之前緊繃的冬天空氣。讓我想起了戴著雪帽的山茶花，以及去年夏天的玫瑰，那微微晃動的樣子，彷彿展開雙手在歡迎我到來。或許大吉嶺秋摘茶是在漫長冬夜中的茶樹所做的一場夢。

總覺得在下雪日裡泡的茶特別好喝。想要在現實中後退一步、稍微遠離日常的時候，我就會特別用心泡茶。擁有鬆軟白色絨毛的白毫銀針也好，隨時喝都恰當得宜的阿薩姆也不錯，我希望是不要太沉重且溫暖的味道。

茶葉在女神的祝福之下生長，我像是在閱讀一封遲來的情書，一口一口慢慢品嚐落在茶葉上的秋陽。就算是在心裡颳起暴風雪的一天，大吉嶺秋摘茶也能為我帶來甜蜜的安慰。

（由上而下）大吉嶺秋摘茶、大吉嶺夏摘茶、大吉嶺春摘茶

大吉嶺秋摘茶

清甜中帶有深度的反差風味

大吉嶺秋摘茶·高帕達拉茶莊·紅色閃電
Darjeeling Autumnal Gopaldhara Tea Estate Red Thunder

乾葉
棕色和暗紅色的茶葉偏大，隱約可見金色芽

葉底
混合暗紅色和暗草色的茶葉

水色
帶點淺紫色的明亮紅棕色

品茗記錄：像布丁一樣的順滑口感。中等茶體 (Medium Body)。
芒果乾、火龍果、康乃馨和報春花。深邃如武夷岩茶，濃密的味
道和香氣則如滴金酒莊的波爾多葡萄酒。

搭配訣竅：適合番石榴、木瓜或山竹等熱帶水果，或加了熱帶水果的慕斯蛋糕，也適合搭配沾了紅酒醬的油封鴨或蕈菇料理。

產地：印度

茗品季節：10 月中旬 - 11 月

地點：西孟加拉邦大吉嶺米里克城 (Mirik Valley)

地理特徵：高帕達拉茶莊是一個大型茶莊，位於與尼泊爾國境相接的大吉嶺東邊米里克湖附近，佔地 800 英畝。高帕達拉茶莊的茶園多分布於海拔高度 1700-2000 公尺，是大吉嶺平均海拔最高的茶莊。雖然坡度偏緩，但由於靠近湖泊與河川，經常起霧。

概要：大吉嶺秋摘茶使用 11 月底採葉的改良品種製作，沒有苦澀味，具有熱帶水果的香氣和引人入勝的滋味。

起源：高帕達拉茶莊在 1881 年由薩希卜 (Sahib) 家族建立。「高帕 (Gopal)」是該地區所有者的名稱，而「德拉 (Dhara)」在尼泊爾語中為小溪，因此「高帕達拉」的意思就是「高帕所擁有的小溪流過的土地」。從 1950 年代初期至今，高帕達拉茶莊和納斯穆爾茶莊 (Nathmull's) 都歸薩里亞家族 (Saria) 經營的索那茶集團 (Sona Tea Group) 所屬。薩里亞家族很早就將中國製茶技術引進大吉嶺，目前不僅有紅茶，也推出許多種茶。

CHA 茶的季節
與節氣

22　　　第二十二個
節氣

冬至　　　冬季

普洱熟茶
PU'ER TEA

12 月 21 日左右

夜晚持續到永遠的那一天

從淺眠中醒來，四周一片漆黑，安靜地彷彿只有我一人清醒，什麼都看不見，甚至不確定自己是睜著眼還是閉著眼。那是一個沒有一絲月光的漆黑晦日。

窗戶的另一邊彷彿被誰粗魯塗黑，連綿不絕的地平線被空蕩蕩的漆黑吞噬。雖然透過點點繁星可以勉強分辨天空和地面，但或許那些並不是星星，而是蓋住了窗戶的灰塵。火車彷彿在唸咒般，整齊劃一地晃動著，乘客們熟睡的呼吸聲像此起彼落的對偶句，聽起來令人煩躁，我無奈地閉上眼。那是一個宛如莫比烏斯帶，好像會延續到永遠的夜晚。

夜晚好像不會結束的那一天——冬至的夜晚是一年當中最長的。以前的人認為這一天太陽會死而復生，就像春節吃年糕湯一樣，冬至會吃加了湯圓的紅豆粥來慶祝新的一年。現今的冬至含有小春節的意義，又稱為「亞歲」，但在韓國歷史上，其實直到高麗末期之前，冬至還是新年的第一天。

不只是韓國等東亞國家，對於希臘、羅馬、波斯等代表西方的古代國家而言，冬至也是象徵黑暗過後回歸光明的重要日子。基督教最大的慶典聖誕節訂在冬至左右的 12 月 25 日，也是出於這種原因。

既是一也是二

　　十二月即將過去，冬意漸深，在某個夜晚時刻，我想起了漆黑的普洱熟茶。綜觀茶史，似乎沒有其他茶像普洱茶一樣始終挺立在爭論的中心。有人說光看功效，普洱茶就是一種靈丹妙藥，市面上銷售的大部分產品都是假貨。也有人說普洱茶放越久越有價值，因此被稱為「可飲用的古董」。

　　普洱茶的名稱源自於中國雲南省西南部的普洱市。普洱並不是茶樹生長的地方，但在這個集散地裡，聚集了雲南省各地茶園製出的茶，和以摩卡咖啡聞名的葉門摩卡港是相同的概念。

　　普洱茶主要需經過兩次製作程序，前半段的製程相同，但根據下一階段的差異，會分成「生茶」與「熟茶」。完成第一道程序的普洱茶被稱為「曬青毛茶」，曬青是指在陽光下曬乾，毛茶則是指為了製成其他茶而做的基底茶。從茶本身來看，雖然普洱茶是透過日照曬乾的綠茶，但不直接稱為綠茶也是情有可原。

　　一般來說，製作綠茶需要充分加熱讓茶葉停止氧化，但無論是生茶還是熟茶，普洱茶最重要的都是加工後的發酵過程。因此在製作曬青毛茶的時候，會將茶葉在鍋中炒過，再於雲南明媚的陽光下曬乾，讓酵素活動減緩，卻不完全失去原本的性質。直接以熱風烘乾茶葉無法稱為普洱茶，就算原封不動讓茶發酵，也只會成為陳年的綠茶。

　　區分生茶和熟茶的二次加工還包含茶葉定型的過程。茶葉經過蒸氣處理後，會用重物壓實，儘量減小體積並定型，以方便運輸，這樣子製作而成的茶稱為「緊壓茶」。從方形磚頭般的形狀，到像是有手把的香菇形狀，雖然大小不一，但如果提起其中最常見的普洱茶，任誰都會最先想到扁平的圓盤狀。

另外，在定型之前，茶葉遍地散落的形態稱為散茶。普洱生茶是用 1970 年代以前的傳統方式製作，無論是緊壓茶還是散茶，都是在曬青毛茶的階段就完成。完成的普洱生茶雖然可以直接喝，但若隨著時間的流逝讓它慢慢成熟，價值也會跟著增加。

1970 年代以前，雲南地區生產的所有普洱茶都是生茶，讓茶發酵是商人要處理的事情，通常茶會被放在倉庫保管，發酵十年以上。但有些人會在茶葉上噴水，使其加速發酵後，偽裝成陳年的普洱茶銷售。消費者希望能獲得品質更穩定、更可靠的陳年普洱茶，因此在 1973 年，雲南省茶葉公司參考廣東省和香港的事例，找到了讓曬青毛茶的綠色茶葉在短時間內黑化、發酵的方法，也就是現在的「普洱熟茶」。

紅茶的茶葉黑化是透過酵素氧化，但製作普洱熟茶，必要的是微生物的活躍。首先，將曬青毛茶堆成約 1 公尺高，然後灑上水，每隔一段時間翻攪一次，這就是被稱為「渥堆」的後發酵過程。像這樣維持適當的溫度和濕度，裡面就會生長出製造有益成分的細菌，讓茶變得濃郁而溫和。大部分水色為古銅色的普洱茶，就是這種經過渥堆發酵的茶。

喝下時間

　　普洱熟茶與綠茶或紅茶的風味截然不同。對於一提到茶就想到花香或果香的人，普洱生茶會更符合喜好。將時間瞬間濃縮的普洱熟茶，雖然湧上鼻尖的香味陌生，卻又有種熟悉感。

　　經過漫長的歲月，中間已經成為空洞的樹木倒在青苔上，被野獸遺落的果實埋沒在濕漉漉的落葉中，回到了土裡。雖然荒涼得沒有花，也沒有葉子，但春天確實正沉睡在樹枝或岩石底下，這一片冬季森林就在茶杯當中。

　　有時候它是夜晚的圖書館。直到閉館後被沉默填滿，乘載著古書的老書架才得以喘口氣。書架的溫潤觸感，以及老舊紙張的香氣，我以指腹滑過書背，從這本書移動到那本書，一夜彷彿成為永恆，時間的軌道滯留在茶裡，描繪出螺旋狀的餘韻。

　　習慣喝紅茶的人，或許會懷疑這麼深的水色會不會其實是咖啡，心裡隱約害怕。把杯子湊近一點看，輕微的黏性就像是果汁做成的果凍，微微晃動。停止猶豫，先喝一口之後，就會被潤滑、優雅的滋味嚇到，不要說苦澀了，那濃郁的甜味彷彿絲綢織成的地毯般，溫柔包裹起舌頭。

普洱熟茶漆黑得像晦日的午夜，陌生得像黑暗的那一端，卻又香甜溫暖得像夜晚的靜謐時刻。每個人紛紛在此刻進入各自的空間，洗掉一天的汙垢好好休息。如果說白天是與他人、外部世界溝通的時間，那夜晚就是潛入內心，與自己對話的時刻。

　　生活有時候也會籠罩意想不到的夜幕。在連腳尖都看不見，不知道該往何處走的迷惘時刻，喝一杯普洱茶，就可以克服夜晚的嚴酷，再次回想起獨處的平靜。如果眼睛在不知不覺間習慣了黑暗，說不定就可以在另一端遇見新的自己。

普洱熟茶

如夜晚般漆黑的後發酵茶

乾葉
仔細曬乾的暗褐色茶葉

葉底
暗古銅色

水色
略有黏性，帶點紫的深紅色

品茗記錄：長滿青苔的樹木、香菇、乾稻草、濕土和皮革的味道。
廣藿香、甘草，以及一點點香草和可可的味道。濃厚的厚重茶體
(Full Body)，隔一點時間後回甘的甜味令人印象深刻。

搭配訣竅：直接喝或做成奶茶。不僅適合餃子、港式點心、烤肉，搭配加了巴薩米克醋或醬油的料理，以及起司、巧克力甜點都很不錯。

產地：中國

茗品季節：春天和秋天

地點：雲南省西南部的西雙版納、普洱、臨滄、保山一帶

地理特徵：主要產地以從西藏開始流向越南湄公河上游的瀾滄江為中心，坐落於緬甸和寮國的國境附近。其中位於最南邊的西雙版納，是最早開始種植普洱茶的地方，越往北走則有普洱、臨滄、保山，平均海拔高度較高，氣溫和降雨量雖然較少，但多數地區仍屬於溫暖潮濕的亞熱帶氣候。

概要：普洱茶的水色為紅褐色，其特有的發酵味道近似可可豆、泥土和老樹。以「渥堆」製成的普洱熟茶在 1973 年首次出現。

起源：雲南省一帶是茶樹的故鄉，也是歷史最悠久的野生茶聚集地，但實際上，我們所熟知的普洱茶，並不是那麼久以前的產物。

中國順治 18 年（1661 年），以雲南茶交換西藏馬匹的「茶馬互市」興盛。接著在之後即位的康熙皇帝（在位 1662-1722 年）時期，普洱茶開始進貢皇室。1994 年，新政府營運的茶廠以下關茶廠為首，陸續轉換為民間公司，世界各國常見的普洱茶品牌「大益 (TAE TEA)」，也是在 2004 年勐海茶廠民營化之後所成立的公司。

CHA 茶的季節
與節氣

23　第二十三個
節氣

小寒　冬季

月光茶園
JUN CHIYABARI

1 月 5 日左右

一年中最冷的那一天

　　紅色和綠色的各種繽紛裝飾和燈光都到哪裡去了？新年開始還不到一個星期，「聖誕快樂」與「新年快樂」都失去了蹤跡。年假期間的興奮與激動像洩氣的氣球消失在某處，世界再次凍結成沒有顏色的空間。一個星期前如潮水般湧入人群的熱鬧街道彷彿一場夢。

　　新年過後迎來的第一個節氣小寒，是一年當中最冷的一天，與它的名稱不符，韓語中甚至流傳著這段俗話：「大寒到小寒家裡，冷到快凍死了」。這麼冷的日子最好不要出門，但為了糊口飯吃，現實上並無法如此。拖著疲憊的身軀，艱辛走在戶外，每走一步，氣力就被吸進冬天的空氣中。

　　好不容易回到家裡，一邊抖著手，一邊倒水進水壺，縮著肩膀的佝僂身形，宛如一個百歲老人。我已經決定好要泡什麼茶了。這一款香甜的茶可以非常順口、柔和地流進體內，滲透到每個角落，讓身體慢慢暖和起來，有時候甚至連靈魂都被照亮了。在我的願望清單最上排，總是會有尼泊爾月光茶園的茶。

穿越大吉嶺

　　尼泊爾的茶時常被認為是大吉嶺的仿冒品，這個說法並不是完全錯誤。1863 年，尼泊爾第一次種植茶樹的伊拉姆地區 (Ilam)，位於與印度相鄰的尼泊爾最東邊。爬上大吉嶺米里克地區 (Mirik) 的高帕達拉 (Gopaldhara)、塔爾波 (Thurbo) 或歐凱蒂 (Okayti) 茶莊的高處，沿著喜馬拉雅山的山陵往西眺望，就能看到伊拉姆茶園。

　　尼泊爾地區的茗品季節通常比大吉嶺晚一至二星期左右，因此我的旅程總是從大吉嶺的米里克城開始。在日出之前起床，慢慢走下昏暗的山脊，渡過印度和尼泊爾的邊界梅吉河時，已經日掛中天了。奔跑在特萊平原修剪整齊的茶園之間，興味盎然地盯著「小心大象」的告示牌，不知不覺間茶園都消失了，穿過塵土飛揚的喧囂市區不久，眼前出現了陡峭的山路。分不清楚是因為樹林太茂盛才變暗，還是太陽已經下山，又或許只是因為久走而暈眩時，位於山坡之間的熟悉茶園景色映入眼簾，此時就可以看到我在尼泊爾最喜愛的茶園——月光茶園 (Jun Chiyabari)。

在月光茶園的全新感受

　　月光茶園的所有人吉瓦利兄弟 (Gyawali) 不僅是經營者，也是茶專家，對茶的瞭解比任何人還要深且廣。哥哥洛坎 (Lochan) 一年中有一半以上的時間都會在不同的國家，與不同世代的製茶人一起切磋。

第一次去月光茶園的時候，我很討厭印度和斯里蘭卡的綠茶、青茶和白茶，認為它們只是仿冒的劣質品。當時大部分的經營者都無法也不願理解，這些茶的製法，並不能比照大量生產的紅茶製作方式辦理。其實，與其說是對不好喝的茶失望，發現他們對從中國發跡到日韓的東亞茶文化毫無興趣，這一點更讓我難過。因此，當月光茶園向我介紹紅茶與其他幾種茶的時候，我滿心不情願。

但月光茶園的茶截然不同。不僅充分展現六大茶系各自的特色和脈絡，尼泊爾健康的風土以及來自大吉嶺的茶樹性質，也完美融合在茶湯之中，是我至今為止從未品嚐過的新茶。直到來了月光茶園之後，我才終於對由大英帝國殖民地所開墾的茶園未來產生期望與信心。

到月光茶園觀光的遊客至少會停留四天以上，就算時間很短也一定要深切感受當地風情。每天凌晨三點起床，觀看結束萎凋作業的茶葉在揉茶機裡搓揉，試喝剛完成的 Drier Mouth（剛完成烘乾作業，要進行分選的茶），之後一起用餐，上上下下走過分散於五個區域的茶園陡峭山脊。

在月光茶園停留的期間，我也成為了他們的一員。負責看顧加德滿都辦公室與丹庫塔茶廠的弟弟巴昌 (Bachan) 表示，他很愛惜月光茶園的所有人事物，包含在這裡工作的每一個人，甚至到工廠的一顆螺絲，因此無論任何人物來訪，他都不想把這裡變成只拍兩張照片就離開的觀光景點。不僅是茶，在製茶的所有過程中都可以感受到他真摯的態度和真心。

溫暖的甘露

月光茶園最卓越的茶，是在晚秋到初冬間製作。乾燥的天氣持續，氣溫也逐漸下降，此時新芽慢慢生長出來。茶葉為了應付冬眠，必須儘量儲存更多營養，因此在開始下雪之前會變得更加濃密。乍看和大吉嶺秋摘茶有點相似，但此地獨有的地理特徵加上月光茶園熟練的手藝，製成了擁有一年當中最幽深香氣的茶。

在預熱好的茶壺中放入茶葉時，散發出的香氣讓人想到大吉嶺夏摘茶的麝香葡萄，但泡完之後卻更近似於白毫烏龍的優雅。具有濃郁迷人香氣的紫羅蘭和三葉草蜂蜜共同形成成熟的醇香(Bouquet)，為香甜的茶增添了新風味，越喝越覺得新奇。

琥珀色的茶水就像柔軟的果凍一樣圍繞著味蕾，留下的餘韻悠長，讓人忍不住吞口水。雖然不是錫蘭紅茶清澈的味道，卻好像在夏天結束之際，吃下了掛在西方的一角溫暖陽光，肚子變得火熱起來。就算空腹喝也不會難受，反而能夠感到一股力量湧上，神仙們喝的甘露或許就是這個味道。

小寒連在做夢的時候都寒冷不已，彷彿空氣都結冰了。以前的人相信，小寒越冷，春天就會越溫暖、越美麗，這句話中包含著想要平安度過這個季節的懇切希望。

祖先們把嚴冬的考驗當作是即將蒞臨的春天基石。這也讓我想起月光茶園，它背負了大吉嶺仿冒品的污名，在過去超過二十年的期間辛苦開拓出沒有人走過的路。我祝福月光茶園可以超越帝國主義建立的茶園，與具有悠久歷史的東亞茶傳統並肩，開啟我們目前為止未曾喝過的茶史新篇。喝下這杯溫暖的甘露，一同等待即將到來的春天。

月光茶園

扭轉尼泊爾茶園未來的茶史新篇

月光茶園冬季黃金喜馬拉雅皇家手工茶
Jun Chiyabari Tea Estate Winter Flush Golden Himalayan Royale
Handcrafted Tips

乾葉
均勻混合深綠色、栗色、紅色和
黃金銀毫的柔軟乾燥茶葉

葉底
有光澤的亮褐色

水色
帶紅的琥珀色

品茗記錄：紫羅蘭、荔枝乾、枇杷和成熟的玫瑰汁 (Rose Cordial)。在冬天將臨的森林裡，碎裂的落葉味道和烤堅果香味。餘韻悠長的中等茶體 (Medium Body)。沒有苦澀味，具有深度的

濃郁感，令人想到蜂蜜或果凍的黏膩滑順。整體平衡和諧。

搭配訣竅：我最推薦直接喝，但這款茶也可以搭配食物或點心，味道不會被輕易掩蓋。推薦泡得稍濃，搭配淋上楓糖醬的培根炒蛋佐鬆餅享用，也很適合搭配糖漬西洋梨或油桃製作的奶凍。

產地：尼泊爾

茗品季節：與大吉嶺差不多。11 月底 - 12 月初有冬摘茶。

地點：丹庫塔地區 (Dhankuta) 的希勒小鎮 (Hile) 附近

地理特徵：沿著喜馬拉雅山脈向東西延伸的尼泊爾東部地區。茶園位於北緯 27 度，與中國浙江省和日本沖繩相同，海拔高度為 1700-2200 公尺，屬於高山氣候。從南邊特萊平原吹來的暖風與喜馬拉雅山的冰冷空氣混合，經常山霧籠罩，白天有明亮溫暖的陽光，晚上卻很冷，日夜溫差大。

概要：尼泊爾茶曾經被稱為大吉嶺茶的仿冒品，它擺脫過去，透過對東亞茶文化的深度洞察，建立起結合傳統和創新的新生茶園，正在創造新的茶園歷史。

起源：2000 年初，生長於大吉嶺的吉瓦利兄弟回想起穿梭在茶園間的童年，在尼泊爾東部建立起前所未有的新茶園。經過多次嘗試之後，陸續從台灣引進了揉葉機、殺青機等機器，從 2003 年開始正式投入茶的製作，並且致力消除尼泊爾地區的貧困現象，80% 的職員僱用女性，為女性勞動者伸張人權。

尼泊爾茶
是大吉嶺茶的仿冒品嗎？

茶樹於 1863 年引入尼泊爾。當時的總理江格‧巴哈都爾‧拉納
(Jung Bahadur Rana) 不僅得到清朝皇帝的賞賜，他的女婿加吉
拉‧辛格‧塔帕上校 (Gajraj Singh Thapa) 還拜訪了大吉嶺，也因
為喝過大吉嶺茶後非常喜歡，於是有了在尼泊爾種植茶樹的想
法。因此，尼泊爾最早的茶園就誕生在喜馬拉雅山的伊拉姆地
區。兩年後，位於特萊平原的索克提姆 (Soktim) 也開始種植茶
樹。目前，伊拉姆地區與大吉嶺同樣主要種植正統紅茶，而索克
提姆等特萊地區則主要製作 CTC 茶。現今，尼泊爾擁有超過 85
個茶園，生產全世界最細緻、香甜的優秀茶。

1978 年，尼泊爾第一家茶廠在伊拉姆建立之前，採摘自尼泊爾
茶樹的茶葉全部都要送到大吉嶺的加工廠。尼泊爾的山區除了未
受污染、環境好之外，茶樹也比大吉嶺還要年輕，生產效率更優
越。在當時，尼泊爾與大吉嶺茶還是互利的雙贏局面。

此後，因為 1950 年兩國簽訂了印度尼泊爾和平友好條約，允許
人員和物資可以不受限制移動，這使尼泊爾茶可以更加順暢流通
至大吉嶺。如此一來，很明顯可以預料得到，在大吉嶺加工的尼
泊爾茶，有好一陣子都被當成享譽國際的大吉嶺茶販售。

另外，擁有歐洲最大的混合設備、茶仲介產業活躍的德國漢堡也通過了相關法案，只要在大吉嶺製造的茶葉超過 51%，就可以標記成大吉嶺茶。這種做法逐漸蔓延到整個歐洲，甚至延伸至英國，扣除 51% 大吉嶺茶葉後，其餘 49% 的茶葉則由尼泊爾、印度北部的坎格拉地區，或從巴基斯坦走私而來的茶填補，有時候也會廣泛使用南部的尼爾吉里地區或大海彼岸的斯里蘭卡茶葉。難怪有人會開玩笑說，最好的大吉嶺茶是在斯里蘭卡製作。

大吉嶺整體茶園的年產量不到 1 千噸，但全世界打著「大吉嶺茶」名號流通的茶產品卻將近 4 萬噸，於是大吉嶺的茶園主人在 1983 年製作了象徵大吉嶺茶的辨識標誌，但儘管如此，其他種茶混雜在大吉嶺茶中銷售的情況，也是直到最近才逐漸消失。

2011 年，歐盟委員會將大吉嶺茶指定為地理標誌保護 (PGI, Protected Geographical Indication) 產品，這是第一次對印度產品採取這樣的措施，也是第一次指定茶為 PGI 產品。歐盟委員會給予在銷售混合大吉嶺茶的商家 5 年執行期，從 2016 年開始，只有在大吉嶺的 87 個茶園製作的茶，才能稱為大吉嶺茶。

另外，一直在瞻望尼泊爾茶的可能性與未來發展性的人，在 2000 年前後開始探索出超越大吉嶺茶的新茶，除了丹庫塔地區的月光茶園與古蘭斯茶園 (Guaranse)，代表尼泊爾的傳統茶產地伊拉姆，也以安徒谷 (Antu Valley)、坎亞姆 (Kanyam) 為中心，推出了許多不同的茶。

在大吉嶺，跨國企業擁有數座茶園並同時經營茶工廠。但尼泊爾的茶產業則由不到一英畝的小農戶組成，他們會將各自收穫的生葉賣給附近加工廠。由於規模小，相對可以快速接受變化，靈活實現不同的創新，因此尼泊爾成為了最受茶迷關注的產地。

CHA 茶的季節
與節氣

24　第二十四個
節氣

大寒　冬季

雲南滇紅
DIANHONG

1 月 20 日左右

Happy Ending

　　沒有永遠的事物。有些考驗就像自然災害一樣，毫無預告就突然襲來，讓人心臟緊縮、呼吸困難、指尖發涼。在這個時候讓我們變得堅強的，或許反而是「萬物都有盡頭」的老生常談。只不過沒有人知道盡頭在哪裡，很多時候都是直到時間流逝許久後，才明白原來那就是盡頭。

　　鄰近歲末，除夕寒流來襲的那一天，我喜歡的作曲家兼鋼琴家睽違十年來到了韓國。他以反覆的跳音開始四手聯彈，儘管是滿懷傷感的單音階旋律，節奏聽起來卻隨意明朗。當時和我一起聆聽那首曲子的人，是自從二十歲以後，陪伴在我身邊最久的人，我以為未來也會是如此。但隔年鋼琴家再次來訪時，一切都變了。兩架鋼琴演奏的曲子變成了弦樂三重奏，雖然聽起來比以前更沉重、悲傷，但也有一股不被悲劇掩埋的堅毅感。雖然我仍然不知道 Happy Ending 是不是代表幸福的結局，但沒有比它更適合的曲目了。

　　大寒是結束冬天的節氣，也是二十四節氣的尾聲。雖然叫大寒，但溫度其實比小寒高，因此以前的人都說「在小寒凍結的冰會在大寒融化」，或者「沒有不冷的小寒，沒有不暖的大寒」。即便如此，小寒與大寒都屬於嚴寒的天氣，根據氣象廳的說法，小寒只有比大寒再冷一些。

　　雖然希望可以循序漸進走過起承轉合，平靜、順利抵達終點，但生活中的盡頭卻宛如技巧不純熟的練習品，沒有任何伏筆，突然宣告結束。但也因為人生無法自己決定結局，所以才更有價值。或許能夠選擇的只有一杯等著我們的，溫暖的茶。

古老且新穎

茶樹的故鄉——中國雲南省以普洱茶聞名，但實際上雲南省也會製作綠茶和白茶等六大茶系的茶。滇紅的「滇」意思是雲南，顧名思義，就是指雲南地區的紅茶。將茶葉做成曬青毛茶後再加工，就可以做成普洱茶；茶葉萎縮後搓揉氧化，則可以做成紅茶，因此在雲南省種植茶葉的地方隨處可見。

早先引入歐洲的中國紅茶大多採用福建省小葉種茶樹的葉子製作，但在 19 世紀中後期，英屬印度利用歐洲先進的科學技術謀求大量生產，茶產量超越了中國，在世界市場大舉成功，中國的茶產業也開始涉獵擁有機械設備的製茶工廠。

而後國民黨政府開始關注雲南茶樹，這種茶樹以類似阿薩姆的新紅茶為名，吸引西方消費者的目光。主要的茶產地鄰近緬甸和寮國，只要稍微往下走，就可以利用歐洲人修建的道路和火車來節省物流成本。1939 年，雲南省終於製造出第一種紅茶，但卻因為受到戰爭影響，直到 1950 年代，才重新被傳揚到海外。此地是茶樹歷史的開端，因此滇紅常被誤認為是歷史悠久的茶，但其實與其他紅茶相比，滇紅算是近期才出現的新產品。

蒸南瓜與烤地瓜

茶葉中的多酚成分氧化後帶有晶瑩紅光，沒有澀味，反而有密度極高的甜味。在歐美的雲南滇紅均勻使用了嫩芽與下面的葉子，有光澤的黑色茶葉中混雜了一些黃金毫尖，但中國與韓國只偏好尚未展開的新芽製成的茶。

在熱好的茶壺裡放入穿著毛茸茸金色毛衣的茶葉，就會飄出迷人的香氣，好像在蒸南瓜。從新芽中長出的絨毛與茶水一同輕輕蕩漾，明顯看得出金環的金紅色當中好像混合了一、兩滴紫色顏料，那冷冽、璀璨的水色格外美麗。

宛如在栗子蜂蜜裡摻入黑糖的甜蜜香氣佔據了主導地位，上面隱隱瀰漫著刺鼻的花香，下面則是腐葉土、檀香、牛至等香草的味道。喝起來就像烤地瓜一樣柔軟純粹。味道厚重濃郁但幾乎沒有澀味，甜蜜黏膩得宛如麥芽糖。

越進入深冬，越會被溫暖、香蜜的東西吸引。因為懶得動嘴，而喜歡那種可以輕易吞進去的濃郁食物。在暖烘烘的房間裡面，邊吹邊吃著剛烤好的鬆綿地瓜、馬鈴薯，這種只有在冷天才能切身感受的樂趣，我在雲南滇紅濃郁且有深度的甜味當中發現了它的蹤跡。

馬上就要立春了，與其抱怨現在為何這麼冷，不如一邊悠閒泡壺茶，一邊等待從遠方努力奔來的春天吧！雖然現在還看不到它的身影，但在我們慢慢享受甜蜜濃茶時，它正在大步邁向新的季節。所有的苦難都會像來的時候一樣突然離去，把那個經驗當作基石，延續到下個故事，或許這才是真正的 Happy Ending。

雲南滇紅

來自茶樹故鄉的新一代紅茶

乾葉
被金色絨毛覆蓋，碩大且明顯的黃金毫尖

葉底
厚實且具有彈性的亮褐色

水色
明顯看得到金環，混雜絨毛的朱紅色

品茗記錄：沾有黑糖的烤核桃、李子乾和大棗，以及烤地瓜香甜溫暖的味道。胡椒木葉等微微的香草味道。讓人想到熱巧克力的濃稠厚重茶體 (Full Body)。

搭配訣竅：無論是直接喝還是做成奶茶都很不錯。很適合搭配油脂豐富的肉類或陳年乳酪，尤其是紅酒燉牛肉或佐紅酒醬的牛排等料理。搭配草莓也很契合，特別推薦草莓奶油蛋糕與草莓塔。

產地：中國

茗品季節：4-5 月 ／ 3-11 月皆可收穫

地點：雲南省臨滄市鳳慶縣

地理特徵：雲南省一年四季都很溫和，主要城市昆明素有「永遠的春城」之稱。另外，位於雲南省西南部的臨滄地區仍維持良好的生態系統，保有原始森林，被稱為茶樹的基因庫。生產滇紅的大部分產地都位於瀾滄江西邊，尤其鳳慶縣雖然地形起伏，但整體上茶園都建造於平均海拔高度 1000 公尺以上的高地。年均溫為 18-22℃，年降雨量為 1200-1700 毫米，屬於亞熱帶氣候。

概要：在 20 世紀中期出現，碩大的黃金毫尖令人印象深刻，幾乎沒有苦澀味，是任誰都會喜歡的濃厚、香甜的紅茶。香氣會讓人想到烤地瓜或南瓜與熱巧克力。

起源：1930 年代，印度的紅茶比出口到西藏的普洱茶還要貴。因此，中華民國政府開始以紅茶為中心調整茶的生產，增加外匯收入。然而在 1937 年，中日戰爭爆發後，福建省和安徽省等地的紅茶產業遭到波及，離戰場較遠的雲南省成為了新的替代方案。1938 年，為了進出口茶葉，中國雲南茶葉貿易公司成立，並派遣專家到當時的順寧、佛海，也就是今日的鳳慶、勐海製作紅茶。

紅茶的國家
——英國

LESSON

為什麼是英國？

當我們一提到紅茶或紅茶文化，自然而然就會想到英國。英國人對紅茶情有獨鍾。在所有物資都被封鎖的二次世界大戰中，從戰爭前線的軍人到倫敦市民，依然幾乎所有人都會喝茶、吃果醬吐司，甚至一天到晚爭論茶杯裡要先放牛奶還是茶。

緯度比韓國還要高的英國並不是可以栽種茶的國家，也不是歐洲第一個開始喝茶的國家。非要說的話，英國的茶文化還比其他國家晚起步，但卻以光速之姿陷入茶的魅力之中。大英帝國開始在寬廣的殖民地上種植茶樹，並建設了大型茶園。

茶在英國受歡迎的第一個原因是天氣。英國在短暫的夏季過後，就是長期陰濕寒冷的天氣，此時一杯熱茶能夠帶來快樂。如果是咖啡的話，就沒辦法在每次需要溫暖的時候連續暢飲。在短暫或漫長的日常生活中，下午茶時間變成重要的社交核心，不僅提供實際的溫暖，也傳遞人與人之間的溫情。

在英國的鄰居法國運用從全世界進口的食材，形成了豐富的飲食文化時，英國正在工業革命。無論男女老少，生活在城市的所有人每天都在工廠度過，甚至沒什麼時間吃飯。對於他們而言，加入牛奶的紅茶不僅可以提供精力，也是補充營養的重要飲料。

英國料理大多都是油炸物，或是放了大量奶油的油膩飲食，喝的飲料幾乎都是麥酒 (Ale)。在無法從宿醉當中清醒的早晨，面前又再一次擺上油膩的食物……第一次捨棄麥酒改搭配一杯濃茶的那位英國人，應該覺得眼前一片光明吧。

在英國正式展開貿易的時候，巧克力、咖啡、胡椒等人氣作物的掌控權早已被他國佔領。不過紅茶在當時才剛採取了 17 世紀出現的新製茶法，因此身為後起之秀的英國，要獲得紅茶的壟斷權還為時不晚。此後，英國除了與中國貿易之外，也直接開始於各地種植茶葉，並鼓勵本國以及殖民地多多喝茶，藉此獲得了巨大的利益。

迷上紅茶的英國人

1）布拉干薩的凱薩琳

(Catherine of Braganza，1638-1705)

最初茶是透過咖啡館進入了英國。查爾斯二世和葡萄牙布拉干薩的凱薩琳結婚後，原被當為藥品的茶才開始成為一種飲食文化。她透過嫁妝帶來了摩洛哥坦吉爾 (Tangie) 和印度孟買 (Mumbai) 的部分所有權，成為進口茶葉的重要貿易橋梁。

但是查爾斯二世對王妃並不感興趣，反而有很多的情人。在陌生的宮廷裡，是從出嫁前就深愛的茶，撫慰了膝下無子的孤獨王妃。王妃會用茶招待來訪的客人，託她的福，茶文化逐漸在英國上流階層紮根。

2）第二代格雷伯爵——查爾斯·格雷

(Charles Grey, 2nd Earl Grey，1764-1845)

查爾斯·格雷是在 1830-1834 年間擔任英國首相的政治家，但對我們而言，他是以伯爵紅茶聞名的人物。據說，從中國來的使臣用香氣獨特的紅茶招待了查爾斯·格雷，他因此深受觸動，為了製作出相似的茶，在中國紅茶中添加了當時的一種高級柑橘香料——香檸檬 (Bergamot)。

他也是當時最厲害的有名人士——喬治安娜·卡文迪許德文郡公爵夫人的情人，她和黛安娜王妃一樣為斯賓塞家族出身，在公爵的默許下，她與格雷伯爵生下了孩子。卡文迪許也喜歡喝茶，對英國社交界的茶文化產生了深遠的影響。

3）喬治・歐威爾

（George Orwell，1903-1950）

埃里克・亞瑟・布萊爾 (Eric Arthur Blair) 是一位作家，以喬治・歐威爾的筆名為人熟知，著名的作品有批評極權主義的《動物農場》和《1984》。他也是一位很有名的茶迷，對茶的喜愛不亞於任何人。1946 年 1 月 12 日，他甚至在《倫敦旗幟晚報》(Evening Standard) 上發表了一篇題為《一杯好茶》(A Nice Cup of Tea) 的文章。

根據他的描述，最好的一杯茶一定要是阿薩姆或錫蘭紅茶，將剛煮好的熱水倒入熱過的茶壺中，而且必須泡得濃一點，先倒入茶再加入牛奶。此外，真正的茶迷不會放糖，而是直接享受茶本來的苦澀味。喬治・歐威爾的喜好就像他的文章一樣，讓人感受到他的固執和觀點。

4）安娜・瑪麗亞・羅素，貝德福德公爵夫人

（Anna Maria Russell, Duchess of Bedford，1783-1857）

英國的正常吃飯時間只有早餐和晚餐。雖然後來也有了午餐，但吃得非常簡單，人們總是到下午就飢腸轆轆。安娜・瑪麗亞身為維多利亞女王的親信，也是 1840 年代第七代的貝德福德公爵夫人，為了解決下午 4 點肚子餓的問題，會在喝茶時搭配蛋糕、三明治等輕便的食物。

但下午往往是下人們最忙碌的時段，為了減輕麻煩，可以一次搬運許多盤子的三層托盤便被設計出來。下午茶組合會從下盤吃到到上盤，從鹹點吃到甜點。茶則偏好輕盈又順口的大吉嶺茶。

* 下午茶組合 Afternoon Tea Set

第一層：巧克力、馬卡龍等約一口大小的點心。著重口感與顏色。

第二層：熱司康，搭配凝脂奶油與莓果製成的果醬。

第三層：手指三明治 (Finger Sandwich)，夾著小黃瓜、火腿等一兩種簡單材料。喜不喜歡小黃瓜三明治看個人喜好，但在天氣寒冷的英國，新鮮小黃瓜在當時是只有溫室才能栽種的豪華食材，而且塗上奶油或奶油乳酪的三明治也非常適合搭配大吉嶺茶。

享受英式紅茶

英國茶室的菜單上，沒有名為「奶茶」的品項，不過點英式紅茶的時候，牛奶總是會和砂糖一起放在茶桌上。可以在泡得很濃郁的英式早餐茶中，加入一些常溫牛奶和砂糖，我有時候會遇到覺得這種「英式紅茶」不合胃口的人。

因為如果提到奶茶，很多人都會覺得應該像拿鐵一樣，牛奶比例非常高且有紅茶的香氣和味道，但牛奶在英式紅茶中的作用，只不過是加深茶體和提出風味的輔助物而已。

仔細觀察英國茶品牌包裝上的建議作法，常常會看到「少許牛奶 (a dash of milk)」或「少量牛奶 (a splash of milk)」，此時「少許 (a dash)」和「少量 (a splash)」大概為 1 茶匙左右，英國人在一杯紅茶裡最多不會加超過 10 毫升的牛奶。英國是世界上最深愛紅茶的國家，在他們心目中，紅茶才是主角，不應該被牛奶搶走風采。

先倒牛奶還是先倒茶

在英國，宛如政治問題般引起激烈討論的話題之一，就是應該先倒牛奶到茶杯裡 (MIF, Milk in First)，還是先倒茶再倒牛奶 (MIA, Milk in After)。據說，以前在陶瓷很珍貴的時候，為了以防突然倒入熱茶使茶杯產生裂痕，所以會先倒入牛奶，但有另一群人表示與此無關，只有先倒入茶，才能夠看清楚水色，調整加入的牛奶量，所以必須先倒茶再倒奶。

2003 年，英國皇家化學協會為這場長期的爭論畫上了句點。比起先倒熱茶再加牛奶，先倒牛奶再倒茶，更能夠讓牛奶的溫度慢慢上升，減少蛋白質的變性。從此，MIF 派獲得了壓倒性的勝利。

兩杯半的紅茶

在講究規矩的英國茶室中會用銀茶壺盛裝茶葉和熱水，不另外提供計時器或沙漏，用濾茶網過濾完茶杯裡的茶葉後，先喝一杯還很清澈的茶。這是第一杯，用來享受香氣。

要喝下一杯的時候，茶差不多就泡得很濃郁了。這是第二杯，用來享受味道。喝完兩杯之後，還剩下約半杯的茶，如果想繼續喝純紅茶*可以倒入熱水，或選擇加入牛奶做成奶茶。

泡到第二杯的時候，茶可能就已經變得苦澀了，所以只喝第一杯純紅茶，從第二杯開始加入牛奶也不錯。這就是英國人喝紅茶的傳統方式。

*純紅茶：英文為 Straight Tea，指不加糖或牛奶，只用茶葉和水沖泡的茶。

CHAPTER

享茶的
精采方式

PTER

03

1. 在茶裡加冰塊：一掃酷暑熱氣的夏季茶飲

　　彷彿快融化在盛夏的熱氣裡，這時候有比一杯冰茶還讓人開心的事物嗎？冰塊碰撞的清脆聲退去了暑氣，冷卻的玻璃杯上凝結一顆顆的水珠，連眼睛也一同變得涼爽。開始在茶裡加冰塊的想法出現於 19 世紀初期。著名的愛爾蘭小說家瑪格麗特，也就是布萊辛頓伯爵夫人 (Marguerite Gardiner, Countess of Blessington) 於 1823 年在拿坡里度假的時候，很享受喝冰茶。此後，到了 19 世紀後期，在說明料理或生活方式的許多書籍當中，都可以找得到關於冰茶的文章。

　　不過冰茶之所以廣為人知，全多虧於在 1904 年美國聖路易斯世界博覽會上，推銷印度產紅茶的理查德‧布萊辛登 (Richard Blenchyden)。那年，活動現場特別燠熱，沒有人想喝熱紅茶，因此他便提供加了冰塊冷卻的茶，結果立即大受歡迎。此後，冰茶以美國為中心，逐漸形成茶飲文化中很重要的一個軸心。

基本冰茶
BASIC ICED TEA

RECIPE

往冰塊上倒入泡好的熱茶，冷卻成冰茶，均勻泡出兒茶素、礦物質等茶中的多樣成分，享受具有深度的滋味與平衡感。由於冰塊會稀釋茶，因此需要把茶泡得比平常更濃一些。

材料（以 300ml 為基準）
茶葉 5g、冰塊 150g、熱水 170ml

HOW TO MAKE

1. 將茶葉放入預熱好的茶壺中，倒入熱水沖泡成茶。時間溫度和泡熱茶時相同。

2. 過濾掉茶葉，將茶倒入裝有冰塊的玻璃杯或水瓶裡。

3. 快速攪拌，使其冷卻即完成。

白濁現象
CREAM-DOWN

製作基本冰茶的時候，茶水偶爾會呈白色混濁狀。這是在茶過於濃郁或慢慢冷卻的時候會出現的正常反應，稱為「白濁現象」。熱紅茶之所以看起來透明，是因為茶黃素、茶紅素等多酚和咖啡因等多種成分均勻分布在茶體中。但當溫度下降，咖啡因就會與多酚、多醣、蛋白質等其他成分結合，形成晶籠化合物 (Clathrate Compound)，讓水色就像泥潭一樣白濛濛。製作基本冰茶出現白濁現象的時候，只要加入少許熱水稀釋，水色就會再變透明，不會對味道造成太大影響。

冷泡茶
COLD-BREWED TEA

冷泡茶不需煮水就可以製作,是在連指尖都懶得動的炎熱夏日裡,最可靠的夥伴。因為冷泡茶會泡出的咖啡因等苦澀成分較少,容易入口,也能減少異味、保留茶香,所以也可以使用放得較久的茶葉。

材料(以 500ml 為基準)
茶葉 6g、水 500ml

HOW TO MAKE

1. 將茶葉放入玻璃瓶或水瓶後,倒入飲
   用水。

2. 用蓋子或保鮮膜封口，在冰箱中放置 8 小時以上。在睡前放進冰箱，早上起床後再過濾茶葉，這樣的時間長度很剛好。

3. 過濾完茶葉後，儘量在 24 小時內飲用完畢。

* 如果使用的茶葉細小零碎，需要的沖泡時間較短，建議放置 3-4 小時左右即可。

** 像青茶一樣乾燥堅硬的茶葉，可以用熱水稍微浸濕，燜個 1 分鐘左右，再倒入冰水。

*** 改倒氣泡水做成氣泡茶也很不錯。但必須先倒入適量飲用水，再放入茶葉，確保茶葉有舒展的空間。必須確實密封以免消氣。

2. 在茶裡加牛奶：不分階級國界的大眾飲料

　　談到茶，絕對少不了奶茶。就算先撇除英國，奶茶現在也是全世界咖啡廳裡面最常見到的大眾飲料。奶茶之所以受歡迎，與其說是因為人們對茶的關注度高，不如說奶茶是即溶咖啡的延伸品項，充分具備好喝、方便的優勢。奶茶對於降低喝茶的門檻起到很大的作用。雖然是誰開始在茶裡加牛奶的說法眾說紛紜，但藏族等遊牧民族在茶裡加入馬奶或羊奶的作法，早已持續千年以上，有時候也會在茶裡加奶油。

　　奶茶配上簡便的輕食，即是能夠提供適當飽足感的一餐。牛奶中含有酪蛋白，它是蛋白質的一種，可以讓茶裡苦澀的成分變得柔和。在製作奶茶的時候，最重要的是茶必須夠濃郁。

奶茶的材料

1. 茶葉

要做成奶茶的茶需要泡得濃一點，這樣加了牛奶後，茶的味道才不會消失。比起清淡的味道，應選擇茶體厚重的茶。

全葉茶 Whole Leaf Tea

為了突顯茶葉的細膩香氣，只倒入少許牛奶做成奶茶享用。

碎葉茶 Broken Leaf Tea

細碎等級 (Fannings) 或 CTC 茶等因為切得較細碎，泡起來很濃郁，很適合用來做奶茶。

2. 糖

就算討厭甜食，也還是建議加一些糖。糖會在茶和牛奶之間取得味道的平衡。

白砂糖

精緻的白砂糖不會破壞茶香，適合在熱茶裡加牛奶的英式作法。

粗糖（非精製糖）

黑糖、椰糖等非精製糖，很適合搭配以阿薩姆紅茶泡的濃郁奶茶。每個國家不同的非精製糖滋味不同，獨特的香甜可以豐富奶茶的味道，多方嘗試看看也別有樂趣。

3. 牛奶

選擇富含脂肪的全脂牛奶。如果有健康疑慮，那麼比起低脂牛奶，更建議選擇最近市面上常見的植物奶。

低溫殺菌鮮乳

用 63-65℃加熱消毒 30 分鐘，讓滋味更佳的一種牛奶。雖然直接喝很不錯，但是要注意煮沸後容易有腥味。

滅菌牛奶

用 135-150℃加熱 2-5 秒，殺死室溫下可能滋生的所有微生物，可以長期保存的牛奶。如果想要製作在鍋中久煮的奶茶，建議使用這種滅菌牛奶。

豆漿

突顯大豆樸素滋味的植物奶。一不小心容易有澀味，因此為了不讓茶變得太濃，必須調整量和時間。很適合搭配綠茶和焙茶等。

燕麥奶

植物奶當中，與牛奶的滋味最相近。雖然燕麥奶幾乎適合所有的茶，但是長時間煮下來，脂肪層會分離，因此較適合只會短時間煮或泡的茶。

基本奶茶
BASIC MILK TEA

RECIPE

將在茶裡加入牛奶的英式作法，改良成更符合大眾口味的奶茶。
關鍵就是在泡得較濃的茶裡，加入相同量的「加熱」牛奶。

材料（以 300ml 為基準）

茶葉 5-8g、熱水 160-170ml、牛奶 150ml、砂糖或蜂蜜適量
（根據茶葉吸收的水量做調整）

HOW TO MAKE

1. 預熱茶壺和杯子。

2. 將 150ml 的牛奶用微波爐或鍋子
   加熱，不要沸騰。

3. 在茶壺裡放入茶葉和熱水，茶葉
   泡的時間比平常久 1.5 倍左右。

4. 杯裡以相同比例加入步驟 2 和 3，
   並依照喜好加入砂糖或蜂蜜飲用。

鍋煮奶茶
BOILED MILK TEA

RECIPE

印度奶茶的一種，特徵是用鍋子煮到濃縮後，濃郁又香醇的味
道。在日本被稱為「皇家奶茶」。濃度與咖啡拿鐵差不多，是最
受大眾歡迎的茶飲之一。

材料（以 200ml 為基準）

茶葉 7g、水 100ml、滅菌牛奶 150ml
砂糖 1-3 茶匙、鹽少許

HOW TO MAKE

1. 在鍋子裡倒入量好的水煮滾
   後，再放入茶葉。

2. 煮 1 分鐘左右，當茶水的顏色
   和濃度變得像咖啡般時，轉小
   火。

3. 加入牛奶和砂糖，用小火煮約 3 分鐘濃縮。
   這時候放一小撮鹽，味道會更有深度。

4. 用濾網過濾即可飲用。

* 製作兩人份的時候，
茶葉和牛奶的量需要
加倍，水則只多加
50ml，總共 150ml。
因為如果使用同一個
鍋子，水分蒸發的量
與液體的量不會成正
比。儘管茶葉和牛奶
量要依據人數增加，
但水只能少量增加。

印度瑪撒拉奶茶
MASALA CHAI

瑪撒拉 Masala 有「混合」的意思，印度料理中常見的「瑪撒拉香料」指的就是混合香料，沒有一定比例，各家有各家的獨門配方。奶茶也是如此，在印度，每個家庭都會把許多香料調配在一起，創造出自己的印度奶茶作法。基本的香料有小荳蔻 (Cardamom)、肉桂 (Cinnamon) 和丁香 (Clove)。

材料（以 200ml 為基準）

茶葉 7g、水 120ml、牛奶 150ml、砂糖 3 小匙、
桂皮 1 小片、丁香和小荳蔻各 2-3 片

HOW TO MAKE

1. 在鍋中放入量好的水，煮滾後放入茶葉和香料。

2. 觀察濃度，用大火煮 1 分鐘後，再用小火煮 1 分鐘左右。

3. 加入牛奶和砂糖，用小火煮 3 分鐘左右。

4. 用濾網過濾即完成。

微波奶茶
MICROWAVE MILK TEA

RECIPE

想喝濃郁的鍋煮奶茶，但覺得拿鍋子出來煮很麻煩的時候，很推薦這個簡單又好喝的替代方案——微波奶茶。

材料（以 1 個馬克杯為基準）

紅茶包 3 個（茶葉 6-7g）、水適量、
牛奶適量、砂糖或蜂蜜少量

HOW TO MAKE

1. 在馬克杯中放入 3 個茶包，倒入大約到杯子 1/3 的水。

2. 用微波爐加熱 1-1.5 分鐘。由於每台微波爐的電壓不同，需視情況調整，濃度大概像濃縮咖啡般就可以了。

3. 擠出茶包中的茶水後，取出茶包。

4. 倒入牛奶至填滿杯子，用微波爐加熱 1 分鐘以上。因為不需要煮，調整到自己想要的溫度即可。

5. 依據個人喜好，加入砂糖或蜂蜜即完成。

冰奶茶
ICED MILK TEA

RECIPE

茶葉的量需要放足夠,這樣就算冰塊融化了,茶水也不會變淡。
關鍵在於用煉乳來控制奶味。

材料(以 350ml 為基準)

茶葉 10g、水 100ml、牛奶 150ml、冰塊 150g、煉乳少量

HOW TO MAKE

1. 在鍋中倒入量好的水,煮沸後放入茶葉。

2. 煮 1 分鐘左右,等茶水的顏色和濃度變得像濃縮咖啡時,轉小火。

3. 加入牛奶後再次用小火煮,在快煮沸前關火。依據個人喜好加入煉乳,
   攪拌均勻。

4. 裝有冰塊的杯子中,將步驟 3 的茶用濾網過濾並倒入、冷卻後即完成。

冷萃奶茶
COLD-BREWED MILK TEA

RECIPE

由於不需開火就可以製作，沒有瓦斯爐或電磁爐等爐具的咖啡廳，很常提供這種奶茶。從冰箱裡拿出來後，最好盡快喝完。

材料（以 500ml 為基準）

茶葉 10g、熱水 30-50ml、牛奶 500ml、砂糖少量

HOW TO MAKE

1. 將量好的熱水倒在茶葉上沖泡開，並放入砂糖一起溶解。

2. 將泡開的茶葉和牛奶倒入玻璃瓶或水瓶中。

3. 用蓋子或保鮮膜封口，在冰箱放置 10 小時以上。

4. 取出後過濾茶葉即可飲用。

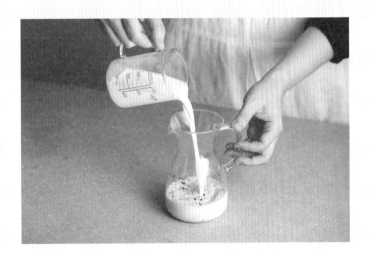

3. 在茶裡加水果：以適當果香巧妙提升風味

用線條優雅的復古茶杯裝紅茶，再放上薄檸檬片，這畫面光看就令人心曠神怡。但充滿期待喝了一口，實際上的味道卻完全不如預期的美好，應該不少人都有過這種失望的經驗。茶與水果乍看之下是絕對完美的組合，但其實我不建議在茶裡加果汁或新鮮水果。

水果中的酸在少量的情況下，可以阻止茶中的多酚氧化，有助於維持品質，但量多的時候，卻會增強單寧的性質，導致茶的澀味明顯。加入砂糖或糖漿是一種簡單的解決辦法，也可以先冷卻茶之後，再放入水果。

我會故意蒐集像蘋果一樣具有香氣的果皮。就算沒有要馬上使用，也可以先冷凍保存。泡茶時加入果皮和水一起煮滾，可以製作出特別的水果茶。如果使用柳橙等柑橘類水果，則要先去掉表皮下白色、帶有苦味的部分。

檸檬茶
LEMON TEA

顧名思義，檸檬茶就是在泡好的茶裡加入檸檬，可以享受到清爽滋味的茶。適合以清淡柔和的茶當基底，例如：尼爾吉里、祁門，或是輕微氧化的清香型烏龍茶等。如果不把檸檬直接加進茶裡泡，而是在茶杯邊緣輕輕搓揉，就可以在不破壞茶味的前提下，提升清爽香氣。

材料（以 300ml 為基準）

茶葉 3-4g、水 300ml、檸檬片

HOW TO MAKE

1. 預熱茶壺和茶杯。

2. 按照基本作法泡茶，不要泡得太濃。

3. 夾起檸檬片，輕輕摩擦茶杯口的邊緣後，
   即可飲用。

 *如果想把檸檬加進茶裡，建議稍微放一下就拿起
   來，避免苦澀。

俄羅斯茶
RUSSIAN TEA

RECIPE

俄羅斯茶是在熱紅茶裡加入香甜果醬或糖塊的茶，起源是為了撐過將近半年以上都是寒冬的俄羅斯天氣。推薦使用澀味低的中國紅茶，如果再加上幾滴威士忌或利口酒等，就可以減少果醬的酸味，讓香氣更具有魅力。

材料（以 300ml 為基準）
茶葉 3-4g、水 300ml、
果醬少量

HOW TO MAKE

1. 預熱茶壺和茶杯，按照基本作法泡茶。
2. 先加入果醬，再倒入泡好的茶。

3. 攪拌均勻後，等待茶靜止下來。

4. 端起茶杯，慢慢品嚐帶有果醬香味的茶。

5. 品嚐越喝越甜的滋味，底部剩下的果肉可以當甜點享用。

*如果要加入酒，可以在步驟 2 時和果醬一起加進去。

4. 在茶裡加酒：大人限定的酒香茶

　　中國有一句話是「以茶代酒」，源自於吳國末代皇帝孫皓的故事，他為了體諒不太能喝酒的大臣，偷偷把酒換成了茶。茶與酒有很多相似之處。阿薩姆茶的滋味被說成是「麥芽 (Malty)」，大吉嶺茶則被比喻成香檳和麝香葡萄酒。

　　有時候也會混合茶與酒，做成茶口味的調酒。日本酒館常見的烏龍燒酒（ウーロンハイ）會在烏龍茶裡摻入威士忌或燒酒。如果覺得喝酒負擔太重，也可以泡熱茶，再加入幾滴酒品嚐，要加入茶裡的酒建議使用蒸餾酒。加酒是為了增加溫度和香氣，只需要 1/3 茶匙左右就足夠，因為量很少，而且酒精會因茶的熱氣而揮發，所以不僅喝了不會醉，還可以同時享受酒和茶的香氣。

阿薩姆 × 波本威士忌 Assam with Bourbon Whiskey

味道近似麥芽的阿薩姆紅茶，很適合各種威士忌。但其中我最想推薦香甜的波本威士忌。除了紅茶以外，在阿薩姆奶茶中加入波本威士忌也很不錯。

正山小種 × 艾雷島威士忌 Lapsang Souchon with Islay Whisky

正山小種的松煙香源自於山，艾雷島威士忌的泥煤味 (Peat) 則源自於島，但他們的感覺很相似，可以融洽地結合在一起。

四季春 × 琴酒 Four Seasons Spring with Gin

四季春烏龍的味道香甜、華麗卻乾淨俐落，很適合琴酒的清涼香氣。建議在酷暑來臨之前的晚春夜晚品嚐。

雲南滇紅 × 雅馬邑白蘭地 Yunnan Black with Armagnac

雅馬邑白蘭地是用位於波爾多下面的雅馬邑產區的葡萄所製成，味道比干邑 (Cognac) 更厚重一些，很適合滇紅濃郁甜蜜的滋味。

熱托迪
HOT TODDY

RECIPE

如果說法國有香料熱紅酒,那麼英國就有熱托迪。熱托迪是在熱水或熱茶裡加入蜂蜜和檸檬汁後,再加入威士忌或蘭姆酒製成的冬季飲料。可以用一杯熱托迪融化因寒冷而凍僵的身體,也可以在睡前喝,帶著暖意入睡。熱托迪也是英國人感冒時會喝的國民飲料。雖然一般多使用伯爵紅茶來製作,但也可以利用其他相配的茶與酒組合,做出不同的口味。

材料(以 1 個馬克杯為基準)
茶葉 2g(茶包 1 個)、熱水 200ml、威士忌 45ml
檸檬汁 1 湯匙、蜂蜜 1 湯匙
檸檬角、肉桂棒各 1 個

HOW TO MAKE

1. 預熱好茶壺後,放入茶葉,再倒入熱水沖泡。

2. 在預熱好的馬克杯裡加入蜂蜜、檸檬汁和酒。

3. 過濾步驟 1 泡好的茶後,倒入步驟 2 的馬克杯中。

4. 攪拌均勻後,放入檸檬角和肉桂棒裝飾。

抹茶啤酒
MATCHA BEER

聽到要把茶加進啤酒裡，可能有些人會覺得異想天開，但其實抹茶的濃厚滋味與啤酒的苦澀卻意外合拍，也有看著抹茶從金色泡沫上宛如夜幕般垂下的趣味。啤酒推薦使用拉格啤酒或小麥啤酒等亮金色的清爽種類。

材料（以 1 個啤酒杯為基準）
抹茶 2g、啤酒 1 罐 (355ml)、熱水 10ml、常溫水 50ml

HOW TO MAKE

1. 提前將啤酒杯放入冰箱冷卻。

2. 將抹茶放入茶碗中，倒入熱水攪拌抹茶粉。

3. 再倒入常溫飲用水，攪拌出泡沫。

4. 拿出步驟 1 的杯子裝啤酒，小心倒入步驟 3 的抹茶即完成。

茶利口酒
TEA LIQUEUR

RECIPE

茶利口酒就是把茶葉放入蒸餾酒中泡出的茶風味酒。選擇與茶味
相配的酒，讓兩者的滋味相互融合。推薦使用透明的伏特加或琴
酒。在完成的茶利口酒中加入氣泡水，就可以享受類似高球雞尾
酒 (highball) 的滋味，也可以在製作餅乾或蛋糕等點心時，加入
茶利口酒增添風味。

材料（以 300ml 為基準）

茶葉 5-7g、蒸餾酒 300ml

HOW TO MAKE

1. 將茶葉與酒混合，在室溫下發酵一天。

2. 用熱水消毒玻璃瓶。

3. 過濾步驟 1 的茶葉後，裝入步驟 2 的玻璃瓶中密封。
   儘量在一年內使用完畢。

我的茶桌風景

週日英式下午茶 (British Tea Time)

將剛烤好的熱騰騰司康橫切成兩半，沾上滿滿的凝脂奶油和用酸甜莓果製作的果醬，悠閒啜飲著熱紅茶。這段午后時光愜意得無法和任何事物交換。有時候也會在桌上鋪好純白的桌巾，小心翼翼拿出擦得晶亮的純銀餐具，以及足足是我年齡兩倍以上的復古茶杯，玩起大人的扮家家酒。當長長落在桌面的陽光蕩漾在茶水上，時間彷彿停止了一般，令人感到充實而滿足。

時令茶會

夏天邁入尾聲的時候，我會在茶桌上放著帶有果實的枝條。用糖漿醃漬水分正充足的水蜜桃，並在寒天中加入檸檬和白豆沙餡，製作成極富季節感的羊羹。托盤成為了茶會的畫布，就連挑選要用什麼樣的物品來點綴都成為一大樂趣。擺上水晶紅酒杯，製造出垂直的張力以及清涼的感覺。

與家人共享的溫馨茶桌

一天快結束的時候，偶爾會和家人一起喝茶。北歐的餐具很堅固，不易碎，使用起來也很方便。孩子們會因為餐具上五顏六色的圖案而開心，看著他們的笑臉，我的內心也湧上滿滿的幸福感。為了這個時刻，我拿出特地為孩子們挑選的低咖啡因紅茶或混合茶。在茶溫暖的熱氣中，我們聊著各自的故事，將一天的疲倦慢慢融化。

CHA 茶杯裡的 風味學 PTER

04

1. 茶樹 & 六大茶系

　　茶樹是一種山茶屬山茶科的多年生常綠樹，我們所熟悉的紅茶、綠茶、烏龍茶等所有的單品茶，都是將茶樹的葉子以不同的方法加工而成。

茶樹的種類

1. 大葉種

　　生長在中國雲南省或印度阿薩姆地區的茶樹，長大的葉子和大人的手掌一樣大，是可用雙手環抱起的大樹，被稱為大葉種、阿薩姆種 (Camellia sinensis var. Assamica)，茶葉的組織柔軟、汁液豐富，很適合製成紅茶等氧化茶。

2. 小葉種

　　生長在韓國或日本等溫帶氣候的小茶樹就是小葉種、中國種 (Camellia sinensis var. Sinensis)，特點是葉子雖小，但為了抵禦嚴寒，葉子組織很厚。因具有清新的香味，很適合製作綠茶。

六大茶系

1. 綠茶

不發酵茶。茶葉採摘後，立刻用鍋子烘炒或透過蒸氣高溫殺青來破壞酵素，阻止多酚氧化酶活化。茶葉的顏色翠綠，具有生葉般的清新香味。加工方式的歷史最為久遠。

2. 白茶

微發酵茶。省略殺青、揉捻等人為加工過程，透過萎凋讓茶葉自然微微發酵、乾燥後就算完成。雖然不需要特別的設備，但因為容易受到自然環境的影響，是很難拿捏的製茶方式。

3. 黃茶

黃茶是在綠茶的製茶過程中偶然發現的微發酵茶。茶葉殺青後，趁熱氣冷卻前用紙或布包住，在高溫高濕度的環境下，讓茶葉自然氧化成金黃色，稱為「燜堆渥黃」。

4. 青茶（烏龍茶）

部分發酵茶，發酵程度介於紅茶和綠茶之間。將乾燥的茶葉裝入竹簍中輕輕搖晃，讓茶葉彼此摩擦，只氧化一部分的茶。有時候也會在低溫下反覆焙火。

5. 紅茶

全發酵茶。茶葉不進行殺青，乾燥後均勻搓揉，再氧化成深褐色的茶。紅茶由中國發跡、英國發展，逐步促成滲透進普羅大眾的紅茶版圖。

6. 黑茶

後發酵茶，常見茶種為普洱茶。黑茶源自於邊疆少數民族喜歡的傳統茶。先經過加工後，再以渥堆的方式長時間發酵，具有獨特的濃郁香氣。

2. 茶葉評鑑

茶葉評鑑 (Tea Tasting) 是客觀評價茶的品質、味道和香氣的方式，也稱為「茶葉品評」。

茶園每天在製茶的時候，都會透過品評來檢查品質是否有缺陷。在舉辦茶拍賣會的印度加爾各答、斯里蘭卡可倫坡等地，代理商會先品評從各茶園送來的茶，再整合成目錄，為拍賣會做準備。各茶商的評茶師也會透過品評來尋找希望販售的茶。

為了成為從事這種工作的評茶師 (Tea Taster)，必須修習專門機關的教育課程，再進行長期訓練。但即使不是專家，仔細品嚐並評鑑自己在喝的茶，也足以成為一個很好的經驗。

審茶杯組 Tea Tasting Set

為了品評而設計的茶具。審茶杯組包括：把手對面的杯壁呈鋸齒狀的審茶杯、審茶杯蓋，與裝茶的審茶碗。普通容量為 150ml，由能夠清楚觀察茶色的白色瓷器製成，易於清洗，設計堅固不易破碎，使用上稍微粗魯一點也沒關係。

茶葉評鑑的流程 Tea Tasting Process

茶葉在品評時，會將待比較的茶裝在同一個容器，在相同的條件
之下同時沖泡。這個過程並不是為了泡出好喝的茶，而是為了掌
握茶的優缺點，讓茶葉暴露出最原始的樣子。

1. **準備**

   準備好審茶杯組、品茶湯匙、計時器、熱水與 2.5-3g 的
   茶葉。如果沒有品茶湯匙，一般喝湯用的調羹也可以。
   品評儘量在明亮的地方進行。最好是陽光沒有直射的自
   然光，如果很難達到這個條件，也可以在燈的正下方擺
   放審茶杯組，以免產生影子。品評前最好不要吃刺激性
   食物或使用香氣重的化妝品。

2. **審查乾葉**

   把茶葉攤開在盤子或紙上，仔細觀察、觸摸並聞香氣。
   觀察茶葉的顏色、形狀、是否有茶梗等。

3. 泡茶

先預熱審茶杯和審茶碗再放入茶葉。
無論是哪一種茶,一律倒入沸騰的
熱水,靜置 3-5 分鐘。

* 印度與斯里蘭卡等地會為了品評,將茶浸泡
5 分鐘。因為茶葉在熱水中要完全泡出所有
成分,需要的時間就是 5 分鐘。但如果水質
較軟,泡 3 分鐘就足夠了,想要泡到 5 分鐘
的話,建議將茶葉量減到 2g。

4. 濾茶

壓住審茶杯的杯蓋,傾斜 90 度放入
審茶碗。等到茶大致過濾完時,壓住
杯蓋,讓最後剩下的茶流入審茶碗。

5. 聞香

用一隻手拿著審茶杯,另一
隻手拿著杯蓋,在下巴下方
打開 1/3 左右的杯蓋後,仔
細嗅聞杯子裡散發出的香
氣。注意杯子不要直接接觸
到鼻子。

6. 審查葉底

將審茶杯倒過來，用力抖動，讓泡好的茶葉掉到杯蓋上，再仔細觀察葉底，聞杯蓋上葉底的香氣、用手觸摸等。從葉底的狀態可以發現許多訊息，甚至可以反推整個製茶過程。

7. 審查茶湯

先觀察茶湯的水色和透明度，再用品茶湯匙試喝味道。此時發出聲音啜吸茶湯的行為被稱為「啜飲 (Slurping)*」。茶不要吞下去，先在嘴裡稍微流動一下再吐出來。

*將茶與空氣一同含入，均勻分散在口腔和鼻腔裡，讓味蕾的每個角落都能夠接觸到茶湯，有助於聚集容易揮散的香氣。

8. 綜合評價

共有 100 分，乾葉佔 25 分、葉底佔 15 分、茶湯佔 60 分，以此進行綜合評價。

品茶術語 Vocabulary of Tea Tasting

品茶術語是評茶師在描述茶時經常使用的詞彙，和日常生活中使用的意思有些出入。雖然為了瞭解意思而翻譯成中文，但多數情況之下會直接使用外文。以下按照字母順序排列。

Aftertaste 茶韻：喝完茶後，留在嘴裡的味道和餘韻。茶韻留得越久，品質越好。茶韻的用法與尾韻 (Finish) 相似。

Astringency 收斂性：喝完茶後，口中餘留的苦澀味。因茶中的多酚與蛋白質交互作用而產生的一種味蕾上的觸感。

Bakey 烘焙：茶葉在加工過程中，曝露在高溫下所散發的風味。

Balanced 平衡：茶的味道、香氣與口感所達成的和諧性。

Brisk 輕快：刺激舌頭的清爽活潑感，好像在喝氣泡水一樣。

Bite 爽快：因茶中的單寧而產生的清爽感，比「輕快 Brisk」更強烈。

Body 茶體：茶湯入口腔後飽滿、沉重的程度。茶體就像是捂住鼻子，將牛奶和水各別含在嘴裡時的感覺，牛奶較厚重，水較輕盈。

Brassy 鐵味：鐵鏽味般令人不適的風味。

Burnt 燒焦：燒焦的味道，比「烘焙 Bakey」更強烈的說法。

Clean 乾淨：指沒有任何異味，純粹、乾淨的味道，或者清澈、鮮明的茶湯。

Coarse 粗糙：形容紋理粗大、粗糙的茶葉形狀和滋味時，都可以使用的術語。

Common 平凡：茶香和味道的特徵不太明顯。

Complex 複雜：用以表達多種香氣豐富交織在一起而形成的醇香（Bouquet）。

Coppery 古銅色：古銅色鮮紅的紅茶茶湯。

Crisp 清脆：堅實的茶體和輕快的風味，帶給人一種愉悅、有生氣的感覺。

Dull 深沉：顏色或味道上沒有生氣，味道發澀。很可能是在乾燥加工時，水分沒有充分蒸發。

Earthy 泥土味：形容香氣時，指的是泥土、蕈菇、乾樹等氣味，但有時也用來形容受潮的茶。

Fibrous 纖維多*：沒有去除葉脈或細莖，和茶葉混合在一起。

Flaky 薄片：不太能揉搓展開的茶葉片。

Flat 平淡：味道不豐富、淡而無味。

Harsh 苦澀：令人感到不適的苦味及澀味。

Intense 強烈：味道和香氣很重，持續很久。

Lively 有生氣：有點酸味，既新鮮又活潑的感覺。

Metallic 金屬的：令人不悅的金屬味道。

Mouldy 臭味：散發出陳年的味道或黴味。

---

*如果不是新芽，茶葉卻為淺色，則很有可能是纖維質或茶梗。印度的法律禁止流通纖維質比例超過整體 17% 的茶。

Mouthfeel 口感：茶進入嘴裡時的觸感與整體的感覺。

Muddy 泥濘：渾濁的茶湯或發澀的滋味。

Neat 端正：茶葉形狀平整，乾淨無雜質。

Nose 鼻香：此處指的不是「鼻子」，而是令人愉悅的香氣。

Powdery 粉狀：細細抹在嘴裡的淡淡收斂性。

Pungent 刺激：形容茶的單寧時使用的術語。在舌頭後端感受到的發澀刺激感。

Silky 絲滑：感覺像絲綢一樣柔軟，稍微黏稠的茶水。

Spicy 辛辣：指茶中帶有的辛辣香料味，有時也指生長在茶樹附近的植物或製程中產生的雜味。

Stalky 多梗：茶梗比例較高的茶。

Structured 結構感：充滿口腔的堅實感覺。茶中單寧造成的滋味。

Supple 柔和：收斂性少，帶給人柔順的感覺。

Sweet 甜蜜：沒有收斂性的甜蜜味道或香氣。

Tainted 被污染：令人不舒服的滋味，會降低茶的品質。

Tarry 如焦油般：聞起來有菸味般的氣味。

Velvety 天鵝絨般：紋理細密柔和的入口感。

Vigorous 充滿活力：令人愉悅的澀味，讓茶具有生氣和能量，是一種短暫的滋味。

Watery 稀：沒什麼澀味，味道很淡。

Wiry 乾燥：揉捻弄乾的茶葉模樣。全葉等級使用的術語。

茶風味輪 Tea Flavour Wheel

將茶的香味區分成幾大類，再細分各大類之下的味道和香氣，以此組成茶風味輪圖表。1984 年，美國的食品工程研究員安‧諾布爾教授 (Ann C. Noble) 在評價葡萄酒的相關研究中，研發了香氣輪 (Aroma Wheel)，茶風味輪就是源於此。

自然而然使用各種詞彙來表達茶的味道和香氣並不是件易事，但如果使用茶風味輪，可能就容易許多。首先觀察試喝的茶，味道和香氣屬於內圈大分類中的哪一個，然後逐漸延伸到外圈，選出最相似的香味。

例如，如果茶有草味，那就可以先確定茶是屬於植物香，然後再從中選出更接近草、蔬菜或草本植物中的哪一類。如果選擇了草，那接下來就要選擇茶更接近哪一種草之下的細部項目——剛修剪好的草、潮濕的草、新鮮的乾草等。透過這種方式，逐漸具體描繪出香氣和味道的形象。

茶風味輪 Tea Flavour Wheel

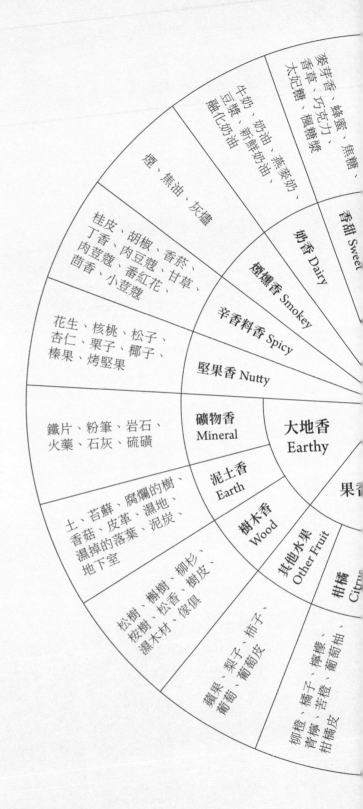

342

蔬菜
Vegitable

小黃瓜、甜椒、豌豆、
菠菜、芹菜、生菜、
韓國櫛瓜、櫻桃番茄、
蕨菜、蕪菁菜、蔬菜湯

草本植物
Herbs

薄荷、蒔蘿、羅勒、
迷迭香、月桂草、
艾草、鼠尾草、香菜

草 Grass

新鮮乾草、剛修剪
好的草、潮濕的草

植物香
Vegital

大海香 Marine

江水、海邊、海藻、
魚、海風

花香 Floral

玫瑰花、茉莉花、丹桂、
橙花、紫花地丁、
木蓮花、牡丹、蘭花、
天竺葵、蒲公英、
洋甘菊、菊花、紫丁香、
接骨木花

Fruity

果乾
Dried Fruit

葡萄乾、無花果乾、
椰棗乾

熱帶水果
Tropical

鳳梨、荔枝、番石榴、
木瓜、哈密瓜、芒果、
香蕉

核果
Stone Fruit

水蜜桃、櫻桃、
李子、杏桃、

草莓、覆盆子、

3. 紅茶的等級

對等級的誤會

紅茶中的等級 (Tea Grade) 指的是茶葉的大小，也是一種識別碼。調茶師在製作新品時，茶葉的等級是一個很重要的指標。從焙茶機出來的茶葉大小不同，泡好後的口感也不一，因此大部分的茶產地投入在分類茶葉大小的時間，比製茶還要長得多。

每種茶除了依照茶葉的型態區分為全葉、碎葉、茶碎末、茶粉，各自又會再細分為許多不同的等級，因此強調哪種茶更高級並沒有太大的意義。

依照加工方式分類

在茶園大量生產的紅茶，根據加工方式可以分為三種，等級體系也各不相同。

正統茶 Orthodox Tea

最普遍的基礎紅茶製法。**Orthodox** 有人翻譯「正統」，也有人翻譯「傳統」，指的都是從採摘、萎凋、揉捻、發酵、乾燥、精製而成的紅茶製作方式。在傳統作法上，會盡可能保留葉形完整。在茶葉的等級中，全葉等級 (Whole Leaf Grades) 的分類方式有很多種，字母越多的等級，價格普遍較高。

碎葉正統茶 Broken Orthodox

為了大量生產而開發的一種正統茶製法，利用螺旋壓榨式揉捻機將茶葉切碎並快速氧化。FBOP 等斯里蘭卡紅茶中的部分高級產品屬於此類。

CTC，Crush-Tear-Curl

在具有刀片的滾輪中放入茶葉，讓茶葉被輾壓、粉碎，再快速氧化。目前流通的紅茶大多都是 CTC 製法。通常會連結好幾台滾輪機，茶葉為圓形顆粒狀。

跨越等級

有時候大吉嶺等部分地區的生產者，會在等級後面貼上另外的「花俏名稱 (Fancy Name)」，這個特殊名稱含有製茶的加工方式與品種的意思，強調茶葉是精心製作而成。被貼上月光 (Moonlight)、鑽石 (Diamond) 等花俏名稱的茶大多價格昂貴，品質也較為優越。

茶葉的等級

茶葉的等級並不能反應品質優劣或價格、味道，而是為了區分茶葉的形狀或大小而設定的辨別方式。大致可區分為全葉、碎葉、碎茶末、茶粉，影響茶葉沖泡的時間長短以及濃度。

*茶葉等級不適用所有產地，有些地區會形成自己的分級體系。
**等級名稱中的「橙黃 (Orange)」不是顏色，是一種分級標示。

全葉等級 Whole Leaf Grades

等級名稱	內容
OP	Orange Pekoe. 橙黃白毫，指幾乎看不到新芽，葉子大而硬挺的茶。
OPA	Orange Pekoe A. 葉片比 OP 大，葉子較不捲曲。
OPS	Orange Pekoe Superior. 與 OP 的等級相似。
FOP	Flowery Orange Pekoe. 花橙黃白毫，指混合了一些嫩葉的茶。
GFOP	Golden Flowery Orange Pekoe. 金花橙黃白毫，指新芽比例比 FOP 更高的茶。
TGFOP	Tippy Golden Flowery Orange Pekoe. 嫩金花橙黃白毫，代表印度高級正統茶的等級。
FTGFOP	Finest Tippy Golden Flowery Orange Pekoe. 上等嫩金花橙黃白毫，採茶標準比 TGFOP 更高的茶。
SFTGFOP	Special Finest Tippy Golden Flowery Orange Pekoe. 特上等嫩金花橙黃白毫。全葉等級中售價最高的茶。

碎葉等級 Broken Leaf Grades

等級名稱	內容
BT	Broken Tea. 葉子不捲，為展開來的碎葉茶。
BP	Broken Pekoe. 最常看到的碎葉等級。
BPS	Broken Pekoe Souchong. 比 BP 稍大。
FP	Flowery Pekoe. 稀疏乾燥的碎葉茶，比 BT 稍大。
BOP	Broken Orange Pekoe. 碎橙白毫。碎葉等級最普遍的型態。
FBOP	Flowery Broken Orange Pekoe. 包含新芽的碎葉等級。
FBOPF	Flowery Broken Orange Pekoe Fannings. 主要指低地錫蘭茶中以最高價交易的等級。
GBOP	Golden Broken Orange Pekoe. 包含少量新芽的碎葉茶。
GFBOP	Golden Flowery Broken Orange Pekoe. 包含大多新芽的碎葉茶。
TGFBOP	Tippy Golden Flowery Broken Orange Pekoe.
FTGBOP	Fine Tippy Golden Broken Orange Pekoe. 雖然屬於碎葉等級，但經過全葉正統加工，是有很多芽的碎葉茶。

碎茶末等級 Fannings Grades

等級名稱	內容
PF	Pekoe Fannings
OF	Orange Fannings
FOF	Flowery Orange Fannings
BOF	Broken Orange Fannings
GFOF	Golden Flowery Orange Fannings
TGFOF	Tippy Golden Flowery Orange Fannings
BOPF	Broken Orange Pekoe Fannings 在碎茶末等級中採葉基準最高的茶。

茶粉等級 Dust Grades

等級名稱	內容
D1	Dust
RD	Red Dust
PD	Pekoe Dust
GD	Golden Dust
FD	Fine Dust
SFD	Super Fine Dust

APP 附錄
ENDIX

特色農遊認證！
台灣好茶尋味地圖

　　你知道嗎？除了水之外，世界上被喝得最多的飲料就是「茶」。而台灣的茶歷史則可追溯到 17 世紀，並且自從 1869 年英商杜德 (John Dudd) 第一次把 21 萬斤烏龍茶從台北大稻埕運送到美國紐約之後，「福爾摩沙茶」就以優越的品質與美妙的滋味揚名國際。

　　對於置身「好茶產地」的你我來說，無論北台灣的鐵觀音、中台灣的紅茶、南台灣的高山茶，還是東台灣的紅烏龍，都是生活中極為熟悉的飲品；只是往往在談起「茶知識」時，我們卻總是一知半解，甚至毫無所悉。事實上，茶不僅是生活，是品味，更是值得珍視與傳承的文化資產。

　　也因此，我們將帶你走進台灣 20 家經過「特色農業旅遊場域認證」的優質茶場域，從種茶、製茶、買茶到品茶，希望大家都能有機會親自前往體驗「一杯好茶」的誕生歷程，並且透過「從茶園到餐桌」的茶之旅，深刻感受「台灣茶」之所以全球知名的動人風土故事以及美麗人文風景。

📍 全台 20 家優質茶場域分佈圖

新北市淡水區
05 阿三哥農莊

台北市文山區
01 美加茶園
02 鴻智茶場
03 寒舍茶坊
04 六季香茶坊

新北市汐止區
06 天然茶莊

新北市新店區
07 新北市農會文山農場

宜蘭縣冬山鄉
14 鵝山茶園體驗農場
15 星源茶園
16 祥語有機農場

南投縣魚池鄉
08 Hugosum 和菓森林
09 HOHOCHA 喝喝茶
10 日月潭東峰紅茶莊園

花蓮縣瑞穗鄉
17 Ba han han non
好茶咖啡工作室

嘉義縣竹崎鄉
11 龍雲農場
12 林園製茶

花蓮縣富里鄉
18 益順休閒農莊

嘉義縣阿里山鄉
13 優遊吧斯

台東縣鹿野鄉
19 碧蘿園茗茶坊

台東縣卑南鄉
20 佳芳休閒農場

走進全台 20 家
認證優質茶場域

01 美加茶園 北部

座落於木柵山區的「美加茶園」是世居當地、代代相傳的茶農世家，早在 1895 年，張家先人即自福建安溪帶茶苗來台種植繁衍，傳承至今已是第十代。1987 年，因應木柵觀光茶園的推動興起，第八代傳人張美加決定在「種茶」之外延伸經營觸角，因而在山坡地搭建起一處既能觀賞大台北盆地景色又富田園野味的茶藝館，除供應自種自焙的茶飲，並嘗試開發茶餐，再加上特製的茶油、茶糖等產品，因而帶動新式飲茶文化，讓饕客們相繼聞香而來。1990 年，第九代傳人張榮光以父親之名為茶園命名，正式設立「美加茶園」，也成為貓空第一家「以茶入饌」的知名餐廳。

★服務項目：自產茶葉、茶葉料理、採茶製茶體驗活動、泡茶教學、黃金品評、特色茶介紹。
★銷售產品：自產鐵觀音茶、包種茶、烏龍茶、紅茶，茶葉料理、茶葉餅乾、茶葉冰淇淋、茶凍。
★地　　址：台北市文山區指南路三段 38 巷 19 號
★電　　話：(02)2938-6277

02 鴻智茶場 北部

「鴻智茶場」成立於 1969 年，青農張恩沛從小在茶山長大，茶家職人的記憶、知識和傳承使命，讓他始終把回家的路放在心上。因為原本是學科學的、又有實驗室的經驗，所以習慣以閱讀大量書刊文獻來獲取知識，但他卻覺得「很重要的是，老爸放手的勇氣。」此外，透過到茶改場學習科學化的基礎理論、拜訪前輩請益交流，到建立自己個人的風味，張恩沛總結：「好茶，就是天地人的結合。天代表氣候、天氣；地代表品種、環境；人代表適應和經驗。」製茶之路不易，而張恩沛在接手家業之後，不僅將祖傳的鐵觀音製茶法及百年工藝的展現，以科學的方法改良發揚光大，更為傳統老茶場注入新生命。

★服務項目：自產茶葉銷售、茶場導覽解說、品茶師體驗、茶藝師體驗。
★銷售產品：自產鐵觀音、紅茶、包種茶。
★地　　址：台北市文山區指南路三段 38 巷 21 號
★電　　話：0918-108-470

03 寒舍茶坊 北部

「寒舍茶坊」位於台北賞景勝地貓空，四周群山包圍、群樹環繞，處處都是茶香。老闆張福欽是土生土長的在地人，家族世代都以種茶為業。自從轉作有機之後，他不僅在貓空地區開立第一家有機茶店，也由於重視生態，讓這裡特別散發一股清幽之美。從推廣有機農業到現在，在他的影響之下，現在已有五、六家茶農跟著做有機。而他茶園裡所栽種的茶葉，也以木柵地區著名的鐵觀音茶、紅茶和文山包種茶為大宗，並在每年春、秋、冬三季皆有收成。良好的茶葉品質，加上家傳的烘茶、製茶技術，讓「寒舍茶莊」的茶葉屢屢獲得特等獎的肯定，深受品茗人士喜愛。

★服務項目：茶園導覽、封茶體驗、製茶DIY。
★銷售產品：鐵觀音、鐵觀音紅茶、金萱、包種茶。
★地　　址：台北市文山區指南路三段40巷6號
★電　　話：(02)2938-4934

04 六季香茶坊 北部

「六季香茶坊」的歷史可追溯至1895年，是傳承「台灣鐵觀音始祖」張迺妙製茶工藝的百年老店。現由第四代老闆張信鐘夫婦經營，並讓第五代年輕兒女加入維繫，除秉持傳統古法製作鐵觀音，更極維護量稀難尋的國寶茶種「紅心歪尾桃－木柵正欉鐵觀音」及揚名國際的「四季春」茶種發源地。茶園不但多年不使用除草劑，也特別以魯冰花做為茶葉的天然有機綠肥，讓這裡不僅具有官方認證的「貓空魯冰花海」景致，更成為台灣北部的貓空亮點觀光茶園。

★服務項目：自產茶葉銷售、茶園生態解說、製茶過程體驗、茶葉料理、茶香藝術品茗泡茶教學等。
★銷售產品：木柵正欉鐵觀音、鐵觀音紅茶、陳年鐵觀音、特製冷凍茶、奇種茶六季香、特製茶仔油、茶梅、茶酒等。
★地　　址：台北市文山區指南路三段34巷53號之1　　★電　　話：(02)2936-4371

05 阿三哥農莊 北部

成立於2003年的「阿三哥農莊」是淡水最早開始發展休閒農業的先鋒。當年老闆阿三哥在離開報業後決定改當農夫，於是把故鄉雙溪的山藥種在太太老家這片土地上。而為了賣山藥，因緣際會接觸當地農會，又跟上當時政府推動的「一鄉一休閒」計畫，就順勢成立了農莊。也因為發現荒廢多年的茶樹竟然長得健康自然，於是又順著水保局的「農村再生」計畫開始跟著復育山林中的早期茶樹。目前園區內的蒔茶樹及蔬菜面積約有1.2公頃，使用友善方式種植，不僅無毒無農藥，並結合採摘茶籽、榨取茶籽油、製作傳統米食等活動，讓來客可以透過親自動手做的過程更加體認「從產地到餐桌」的可貴與美好。

★服務項目：農村體驗學校、農村廚房共煮、一日農夫體驗、生態文化導覽、無菜單當地宴。
★銷售產品：茶籽油、茶籽油飯、龍眼花茶、洛神花果醬。
★地　　址：新北市淡水區樹興里樹林口1-3號
★電　　話：(02)8626-0379

06 天然茶莊 北部

「天然茶莊」位於汐止和南港交界的大坑溪谷，這裡本是包種茶發源地，在全盛時期有近四十家茶園。然而隨著1960年代發現礦坑、人口轉移，茶山也為之沒落。身為製茶世家第四代，蔡旭志原本無意務農，但因不捨家業衰敗，退伍後還是回家幫忙，甚至懷抱「重返汐止茶業好時光」的理想。也因此，他不但取得中餐乙級證照、專心研發料理，更在2016年摘下雙北製茶冠軍，並且自此常常獲獎。從茶到餐，再從賣餐到賣茶，蔡旭志大刀闊斧改造製茶廠加工室，並打造文化館與體驗空間，讓遊客可以感知茶的歷史、參加風味導覽、還能留下來「玩茶」、「喫茶」，讓茶莊成為「認識茶、愛上茶」的全方位平台。

★服務項目：自產茶銷售、茶葉生態導覽、製茶體驗、茶點DIY體驗、茶葉料理、泡茶教學等。
★銷售產品：有機茶葉、茶包，以及茶冰淇淋、茶糖、茶香滷味、茶糕、茶香小饅頭等。
★地　　址：新北市汐止區汐碇路380巷30號
★電　　話：(02)2660-3762

07 新北市農會文山農場 北部

「新北市農會文山農場」位於新店烏來風景線上，早在日治時期，這裡就設置茶業指導所，專司茶種育苗、茶作技術交流及製茶。1990年代，農場轉以兼顧休閒與推廣台灣茶葉為主軸，並積極推廣茶文化，不僅傳承文山包種茶製法，規劃專業導覽解說、茶文化講座、各種茶點DIY活動，也讓遊客可以戴起斗笠、揹著茶簍，親手體驗採茶。此外，農場更在2007年就已全面從事有機栽培，並取得有機認證；自然環境維護良好，各種鳥類及昆蟲生態豐富。而除了種植金萱、翠玉、白文等台茶之外，在茶樹品種園區還廣植60多種來自台灣各地、日本及大陸的茶樹，是少數能夠讓來客一次觀覽到大量茶樹品種的茶場。

★服務項目：有機茶葉產銷、茶文化(採茶、製茶、泡茶、茶藝DIY)體驗、螢火蟲季賞螢活動等。
★銷售產品：有機紅茶、綠茶、包種茶，以及全國農特產加工品。
★地　　址：新北市新店區湖子內路100號
★電　　話：(02)2666-7512

08 Hugosum 和菓森林 中南部

有著超過一甲子製茶歷史的「Hugosum 和菓森林」，佇立在魚池鄉山腰、最早開始種紅茶的香茶巷。而不遠處自家廣達5公頃的茶園裡，種植的是承襲自日人留下的紅茶樹種，樹齡平均80~100歲，堪稱「老欉紅茶」。年過九旬的老茶師石朝幸一輩子在這裡見證台灣紅茶產業的興衰，也把自己純熟的日式製茶技術傳給下一代——女兒石茱樺、女婿陳彥權於2005年成立觀光茶場，秉持父親的職人精神，夫妻倆除了用心種茶、做茶，更下定決心「要讓好茶被看見」。而多年來，透過開發好茶商品、規劃有趣茶活動，「Hugosum 和菓森林」不僅奠定了優質茶品牌形象，也讓更多人走進紅茶世界，帶動日月潭的茶藝復興。

★服務項目：茶葉製造、茶葉批發、DIY茶文化體驗課程、下午茶餐飲等。
★銷售產品：日月潭精品紅茶、茶包、茶點心等。
★地　　址：南投縣魚池鄉新城村香茶巷5號
★電　　話：(049)2897-238

09 HOHOCHA喝喝茶 中南部

「HOHOCHA喝喝茶」是由王家兄弟Rex、David於2019年所設立的茶品牌，園區內有醒目的日式風格紅茶主題館，還有沿著山坡種植的大片茶樹；也因為是全台最大紅茶主題觀光工廠，現已成為南投熱門景點。事實上，並非茶農後代的兩人是基於對家鄉的情感而決定返鄉創業。而為了學懂「茶」，兄弟倆不僅四處訪問茶農、參訪茶廠作法，甚至努力考取茶葉品鑑師，並以紅茶為基礎，打造出這一處結合生產、加工、觀光、文創的複合式園區。來到這裡，可以經由茶樹步道，近距離觀賞茶樹的葉片及生長狀態，也可藉由參加揉茶、混茶、奉茶等體驗活動，更加認識「從一片茶葉到一杯紅茶」的台茶生活文化。

★服務項目：農業體驗、手作體驗、紅茶相關餐飲。
★銷售產品：茶葉、茶包、紅茶香腸、紅茶滷味、紅茶義式冰淇淋、紅茶手工烘焙餅乾、紅茶吊鐘燒、紅茶麵、紅茶金瓜子、紅茶花生、紅茶手工皂等紅茶相關產品。
★地　　址：南投縣魚池鄉魚池村魚池街443-36號　　★電　　話：(049)2895-899

10 日月潭東峰紅茶莊園 中南部

日月潭魚池鄉於日治時期開始種植紅茶，而位於湖畔貓囒山的「東峰紅茶莊園」也不例外，園區種有台茶8號阿薩姆紅茶、台茶18號紅玉紅茶、台茶21號紅韻紅茶，以及台灣原生種紅茶。主人林禎鈴是茶農第三代，原本從事幼教業，但隨著父母年邁，便與姐妹一起回鄉接手茶園，並轉型為休閒農場。為了種出好茶，他們以最原始的方式栽種茶樹；除了製茶講究，也以茶葉為原料再製成餅乾、糕點，呈現茶的各種風味。此外，茶園也規劃採茶、品茶、茶道等活動，讓來客不僅可體驗一日茶農生活，還能藉由製茶師、評茶師、茶藝師等角色的轉換，進而對台灣紅茶產業有更多的體會與感動。

★服務項目：自產茶葉販售、各種茶體驗活動。
★銷售產品：茶葉。
★地　　址：南投縣魚池鄉中明村有水巷5-30號
★電　　話：(049)2899-985

11 龍雲休閒農場 中南部

「龍雲休閒農場」位於阿里山半山腰的石棹地區，由於該區氣候涼爽、日夜溫差大，適合茶樹生長，所以成為台灣知名的茶葉產地。主要種植品種為青心烏龍，生長速度較慢，芽葉中兒茶素等苦澀成分也較少，經過採摘、萎凋、炒菁、柔捻、乾燥、烘焙等程序後，製成球狀烏龍茶，茶湯色澤翠綠鮮活，滋味醇厚，香氣淡雅持久，入口回甘，喉韻無窮。由農場入口步行五分鐘，即可進入茶園中，四季皆有不同景色，時而雲霧繚繞，時而天青，漫步於茶園之中，別有一番風味。產茶之外，農場也大面積栽種竹林，並由最初的竹筍生產、加工，轉型成為提供自家有機食蔬餐飲、涵蓋山居住宿服務的休閒體驗農場。

★服務項目：茶園導覽、品茶體驗，以及結合竹筍與蔬菜生產的農村廚房活動等，並提供鄉土餐飲及住宿空間。
★銷售產品：烏龍茶及竹筍加工製品。
★地　　址：嘉義縣竹崎鄉中和村石棹1號
★電　　話：(05)256-2216

12 林園製茶 中南部

「林園製茶」創立於1985年、阿里山公路開通之際。當時石棹地區還以金針、竹筍為主要生產，由於創辦人林良志的姪女嫁到南投名間松柏嶺，機緣下帶回茶種，這才讓他成為石棹的種茶先驅。從生產到銷售，「林園製茶」始終採取一條龍式管理，維持優良穩定的茶葉品質。所產茶葉不僅曾獲已故副總統謝東閔命名為「珠露茶」，更於2018年取得清真認證、2019年獲得安全衛生四星級茶廠肯定；後來在包裝上加入文創概念、所設計出的「一茶一會相聚林園禮盒」，甚至拿下OTOP產品設計獎。而在種茶、製茶之外，茶廠也結合參觀導覽及多元體驗活動，期待達到「讓茶文化向下扎根」的目標，讓更多人能認識台灣茶的美好。

★服務項目：茶園茶廠導覽、採茶製茶體驗、品茗體驗、茶席體驗、茶特色餐飲、茶染布製作。
★銷售產品：阿里山高山烏龍茶、阿里山珠露茶、阿里山金萱茶、阿里山紅茶，醬筍、愛玉等。
★地　　址：嘉義縣竹崎鄉中和村石棹19之57號
★電　　話：(05)256-1523

13 優遊吧斯 中南部

「優遊吧斯」座落於海拔1300公尺的阿里山鄉，是一個以鄒族部落為推動主軸的文化園區—「優遊吧斯（YUYUPAS）」在鄒族語中，就是代表精神與物質都「富足安康」的祝福語。整座園區廣達三公頃，除了擁有茶園、咖啡園，而且花草扶疏、生態豐富，加上充滿鄒族意象，景觀別緻宜人。園區裡的「優遊吧斯阿里山瑪翡茶莊」主要種植烏龍茶與金萱茶，並設有8座茶亭，每座茶亭皆座落在茶園裡，讓遊客可以充分體會置身茶鄉的浪漫感受。也因為結合優質茶葉生產、優美生態環境，以及在地鄒族文化，提供充滿特色的茶業體驗休旅服務，讓「優遊吧斯」在2017拿到「亮點茶莊」的殊榮。

★服務項目：餐飲、在地農特產品及手工藝品、茶體驗、咖啡體驗。
★銷售產品：茶葉及咖啡相關製品。
★地　　址：嘉義縣阿里山鄉樂野村4鄰127-2號
★電　　話：(05)256-2788

14 鵝山茶園有機體驗農場 東部

1986年成立的「鵝山茶園」座落於冬山河發源地，由於三面環山、東向海洋、雨水豐沛、薄霧迷漫，使得這裡所栽種的金萱、翠玉及烏龍茶品質極佳，再加上製茶技術深厚，所以傳承三代以來獲獎無數；即便海拔不高，但所生產出來的茶葉製品令人驚艷，無論香氣、尾韻和回甘都不輸高山茶。主人林登科強調，茶園裡的茶樹不噴灑農藥，並施予豆粕等有機肥；而製茶過程中的日光萎凋、葉片走水等細節步驟，更得精準拿捏。近年來結合觀光，在茶葉產銷之外也成立茶燻體驗館，提供採茶、揉茶等各種活動，其中「茶燻蛋DIY」甚至創下一天使用千顆雞蛋的紀錄，至今仍是農場最熱門的體驗活動。

★服務項目：自產茶葉銷售、採茶製茶揉茶體驗、茶燻蛋DIY、烏龍金桔茶DIY等。
★銷售產品：金萱茶、翠玉茶、青心烏龍茶、蜜香紅茶、綠茶粉等。
★地　　址：宜蘭縣冬山鄉中山村中山五路3號
★電　　話：(03)958-0301

15 星源茶園 東部

位於中山休閒農業區的「星源茶園」腹地不大，但卻是「宜蘭茶」極具代表性的生產者及推動者。茶園名稱來自創辦人劉進財「承先啟後」的心念，他在父親劉明星與兒子劉景源的名字中各挑一字為茶園命名，就是希望祖傳產業代代接續、薪火相傳。而2007年，在他不幸意外過世之後，當時不過二十幾歲、還在國外追尋人生方向劉景源終究不負父親生前期盼，不但回鄉一肩扛起這片傳統茶園的生產經營，更由慣性農業走向有機友善生產，並結合自己的外語專業以及不斷創新的「茶體驗」活動，帶領茶園走向不一樣的休閒服務產業，讓「宜蘭茶」向世界發聲、帶動更多人有機會領受它的底蘊滋味。

★服務項目：自產茶葉販售，並結合中英文導覽解說，提供以「茶」為主題的趣味體驗活動，包括綠茶冰淇淋DIY、絹印茶葉枕頭製作、評茶體驗、茶香手抄紙、採茶製茶體驗等。
★銷售產品：柚花烏龍茶、小葉蜜香紅、茶包、茶具、茶香牛舌餅、茶香巧克力等。
★地　　址：宜蘭縣冬山鄉中山村中城路115號　　★電　　話：(03)958-8947

16 祥語有機農場 東部

座落於「中山休閒農業區」內的「祥語有機農場」極為知名，因為農場主人劉向群是得獎無數的茶葉達人，而且早在1978年即已投入製茶產業。直到2005年母親生病、他發現施用農藥對於人體的嚴重危害，於是才決定轉型投入有機茶的栽種，並且促成了「祥語有機農場」的誕生。農場面積約4公頃，也因為土地健康，所種植出來的茶葉自然格外清新、風味獨特。除了自產自銷之外，為了吸引更多人前來認識有機茶葉，農場更設計出「綠茶龍鬚糖DIY」及「手工炒茶」等創新活動，讓來到這裡的遊客可以藉由親手摘茶、徒手炒茶及揉茶、再把一塊糖拉扯成如髮細絲的過程，充分感受到「從茶園到餐桌」的不易。

★服務項目：有機茶葉及特色茶點販售、採茶及製茶體驗(綠茶)、綠茶龍鬚糖DIY、雕刻品茗杯等。
★銷售產品：茶葉、茶包、綠茶粉等。
★地　　址：宜蘭縣冬山鄉中山村中城路173號
★電　　話：(03)958-7959

17 Ba han han non 好茶咖啡工作室 東部

秉持「吉林茶園」四代製茶精神，返鄉從農的謝瑋翔除了延續前人種茶、製茶的技術，也因為自己的興趣、以及舞鶴地區在日治時代本來就曾種植咖啡的地緣關係，而創立了「Ba han han non好茶咖啡工作室」，在傳統茶業與創新咖啡之間走出屬於自己的經營之道。經由導覽走訪不遠處的茶園，可以了解茶葉從種植到採收的過程、認識不同品種的分別，還能沿路看到檳榔樹下種植著咖啡的景致。而坐在工作室裡，更可以喝到此間有名的蜜香、柚花、金萱，與客家酸柑茶，還有舞鶴原產咖啡。如果時間允許，也不妨預約參加這裡別出心裁的活動，例如檸檬酸柑茶體驗、茶拼配體驗等，實際感受「舞鶴茶」的茶人文化與生活。

★服務項目：在地茶葉、咖啡販售；茶體驗(茶農日常體驗、檸檬酸柑茶體驗、茶珍珠體驗、茶拼配體驗)；客製化移動茶席體驗。
★銷售產品：茶葉、咖啡、茶甜點。
★地　　址：花蓮縣瑞穗鄉中正南路二段74-4號　　★電　　話：(038)873-289

18 益順休閒農莊民宿 東部

座落於六十石山的「益順休閒農莊民宿」原是金針農，老闆林俊傑笑說自己「從小年年暑假都在上山採金針」中度過。1980年代，政府推廣在此間種茶，林俊傑的父親也種了2萬4千棵茶樹，並要他接手嘗試。因此，本是茶葉門外漢的林俊傑就在親人引介下前往越南茶廠、跟著南投茶師學習製茶短短一個月後，便返家以自家茶菁製茶。驚人的是，第二年他報名參加花蓮縣製茶比賽，竟然一舉獲得頭等獎的肯定。而在懂茶之後，林俊傑更加深入茶園管理，並結合當地觀光發展，開始經營起民宿餐飲。後來，配合農會輔導、逐步加入各項體驗之後，甚至在全國性的「茶覺輕旅行」活動中獲得全台十大茶區票選之冠，讓大家更加看見六十石山在金針花之外的茶葉魅力。

★服務項目：自產茶葉及農產品銷售、採茶體驗、揉茶體驗、品茶體驗，以及餐點供應。
★銷售產品：蜜香紅茶、無硫金針、段木香菇、養生如意茶、原味金針酥、茶梅、金針梅等。
★地　　址：花蓮縣富里鄉竹田村25鄰雲閩15號
★電　　話：(038)821-123

19 碧蘿園茗茶坊 東部

「碧蘿園茗茶坊」座落於台灣紅烏龍發源地鹿野高台，最初於1987年成立「碧蘿園製茶廠」，以收購茶菁製茶再交批發商販售為主。2010年以「碧蘿園茗茶坊」創立自有品牌之後，開始經營零售市場，並以福鹿茶、紅烏龍、蜜香紅茶為主要產品。也由於製管精良，不僅自2015年起連年獲得「衛生安全製茶廠」五星榮耀，也因為多角化經營食農教育、農遊體驗等服務，所以自2016年起不斷獲得「亮點茶莊」的肯定。目前除了女主人柯秀芝，第二代郭敬緯、郭昀諺、郭翔睿三兄弟也加入經營，並針對行銷、製茶與種茶各司其職，為環境優美的茶坊注入創新思維、帶來年輕活力，成為體驗茶產業的絕佳場域。

★服務項目：自產茶葉商品販售、茶園導覽、紅烏龍炒花生DIY、沱茶（緊壓茶）DIY。
★銷售產品：紅烏龍及系列花茶、金萱茶、蜜香紅茶、烏龍茶；冷泡茶、茶粉、茶餅乾。
★地　　址：台東縣鹿野鄉龍田村北三路358號
★電　　話：(089)550-339

20 佳芳休閒農場 東部

位於「初鹿休閒農業區」的「佳芳休閒農場」，早在1979年便開始種茶，發展至今已超過40年。2004年受到茶葉開放進口政策的衝擊影響，致使低海拔茶葉銷量銳減，於是，在二代媳婦陳麗雪的堅持下，「佳芳」從原本的傳統茶農轉型，開始嘗試有機茶業，並於2010年起逐步發展成為體驗型茶園，除了讓遊客可以採茶、觀察茶葉生態，同時也不斷推陳出新、設計規劃出許多茶類DIY活動，包括打綠茶汁、調製茶飲、烘焙茶葉蛋捲、手作綠茶翡翠包等，讓來到這裡的大人小孩都能浸淫在「迷人茶香」之中，進而深切體會到「優遊茶鄉」之美。

★服務項目：茶園導覽、環境教育解說、有機茶葉手作體驗。
★銷售產品：紅烏龍、蜜香紅茶、高山茶與冷泡綠茶。
★地　　址：台東縣卑南鄉明峰村牧場72-4號
★電　　話：(089)227-660

獨家附錄！台灣好茶尋味地圖 優惠券

台灣好茶 兌換券

美加茶園

來店消費滿 500 元，贈送「明信片茶包」乙封。

優惠使用期限：即日起至 2023 年 12 月 31 日止。

台灣好茶 兌換券

鴻智茶場

來店購買茶葉滿 1000 元，贈送茶樣乙份。

優惠使用期限：即日起至 2023 年 12 月 31 日止。

台灣好茶 兌換券

寒舍茶坊

來店即享「茶水費」9 折。

優惠使用期限：即日起至 2023 年 12 月 31 日止。

台灣好茶 兌換券

六季香茶坊

1. 來店泡茶品茗消費滿 600 元，贈茶梅一份。
2. 來店購買茶葉消費滿 1500 元，折 50 元。

優惠使用期限：即日起至 2023 年 12 月 31 日止。

台灣好茶 兌換券

阿三哥農莊

凡來店消費，即贈送農莊手作甜品一份。

優惠使用期限：即日起至 2023 年 12 月 31 日止。

台灣好茶 兌換券

天然茶莊

凡來店消費，即贈茶葉小點心一份。

優惠使用期限：即日起至 2023 年 12 月 31 日止。

【使用注意事項】
1. 本優惠不得與其他優惠併用。
2. 為確保您的權益，來店前請至少於一日前事先預約，並告知使用本書優惠方案。
3. 本優惠券限於活動期間乙次性使用，並需剪下兌換。
4. 本優惠券使用說明如有未盡事宜，以活動現場公告為準。

美加茶園　地址 | 台北市文山區指南路三段38巷19號　電話 | (02)2938-6277

【使用注意事項】
1. 本優惠不得與其他優惠併用。
2. 為確保您的權益，來店前請至少於六日前事先預約，並告知使用本書優惠方案。
3. 本優惠券限於活動期間乙次性使用，並需剪下兌換。
4. 本優惠券使用說明如有未盡事宜，以活動現場公告為準。

鴻智茶場　地址 | 台北市文山區指南路三段38巷21號　電話 | 0918-108-470

【使用注意事項】
1. 本茶坊基本消費為「茶水費」＋「茶葉」。無論喝茶與否均收取「茶水費」。「茶水費」依進場時間及人數計算。本優惠券限用於「茶水費」。
2. 為確保您的權益，來店前請至少於一日前事先預約，並告知使用本書優惠方案。
3. 本優惠券限於活動期間乙次性使用，並需剪下兌換。
4. 本優惠券使用說明如有未盡事宜，以活動現場公告為準。

寒舍茶坊　地址 | 台北市文山區指南路三段40巷6號　電話 | (02)2938-4934

【使用注意事項】
1. 泡茶滿額贈茶梅（若無茶梅則以其他茶食代替）。　2. 購買店裡茶葉滿1500元即折50元。滿3000元即折100元，以此類推，最高上限可折抵200元。　3. 二項優惠內容不能合併計價使用，可同日消費分開計價使用。　4. 為確保您的權益，來店前請至少於一日前事先預約，並告知使用本書優惠方案。　5. 本優惠券限於活動期間乙次性使用，並需剪下兌換。　6. 本優惠券使用說明如有未盡事宜，以活動現場公告為準。

六季香茶坊　地址 | 台北市文山區指南路三段34巷53號之1　電話 | (02)2936-4371

【使用注意事項】
1. 本農莊採預約制，為確保您的權益，請至少於一日前預約，並告知使用本書優惠方案。
2. 本優惠券限於活動期間乙次性使用，並需剪下兌換。
3. 本優惠券使用說明如有未盡事宜，以活動現場公告為準。

阿三哥農莊　地址 | 新北市淡水區樹興里樹林口1-3號　電話 | (02)8626-0379

【使用注意事項】
1. 本優惠券限兌換一份茶葉小點心。
2. 為確保您的權益，來店前請至少於一日前事先預約，並告知使用本書優惠方案。
3. 本優惠券限於活動期間乙次性使用，並需剪下兌換。
4. 本優惠券使用說明如有未盡事宜，以活動現場公告為準。

天然茶莊　地址 | 新北市汐止區汐碇路380巷30號　電話 | (02)2660-3762、0933-829-266

台灣好茶兌換券

新北市農會文山農場

凡消費入園，即可領取小禮品乙份。

優惠使用期限：即日起至 2023 年 12 月 31 日止。

台灣好茶兌換券

Hugosum 和菓森林

1. 來店即免費兌換茶包 1 包（不挑款）。
2. 購買茶葉商品單筆消費滿 $1500 元，即贈茶包一盒（依現場提供為準）。
3. 購買飲品享 9 折優惠。

優惠使用期限：即日起至 2023 年 12 月 31 日止。

台灣好茶兌換券

HOHOCHA 喝喝茶

1. 凡至二樓購買伴手禮消費滿 500 元，即享 95 折。
2. 凡來店即可免費辦理貴賓券乙張（限 1 人使用）。

優惠使用期限：即日起至 2023 年 12 月 31 日止。

台灣好茶兌換券

日月潭東峰紅茶莊園

來店購買茶葉產品滿 6000 元即享 9 折優惠，
並贈送香信紅茶酥餅 1 盒。

優惠使用期限：即日起至 2023 年 12 月 31 日止。

台灣好茶兌換券

龍雲休閒農場

凡於農場內賣場消費滿 500 元即贈小禮物乙份。

優惠使用期限：即日起至 2023 年 12 月 31 日止。

台灣好茶兌換券

林園製茶

1. 凡消費滿 500 元，即贈文創茶包組乙組。
2. 凡預約即可享「茶廠參觀介紹」免費。

優惠使用期限：即日起至 2023 年 12 月 31 日止。

台灣好茶兌換券

優遊吧斯

凡持券可享「入園 100 元抵用券」
（文化特產專用店可抵用 50 元，咖啡故事館可抵用 50 元，票根可免費品茶。）

優惠使用期限：即日起至 2023 年 12 月 31 日止。

【使用注意事項】
1. 支付入園清潔費後，即可使用本優惠券，領取免費禮品乙份。
2. 本券恕不與其他優惠活動併用。
3. 本優惠券限於活動期間乙次性使用，並需剪下兌換。
4. 本優惠券使用說明如有未盡事宜，以活動現場公告為準。

新北市農會文山農場　　地址 | 新北市新店區湖子內路100號　　電話 | (02)2666-7512

【使用注意事項】
1. 本優惠券內容不得與其他優惠併用。
2. 如欲使用本優惠券需於結帳前主動出示本優惠券，結帳後恕不補贈。
3. 本優惠券限於活動期間乙次性使用，並需剪下兌換。
4. 本優惠券使用說明如有未盡事宜，以活動現場公告為準。

Hugosum 和菓森林　　地址 | 南投縣魚池鄉新城村香茶巷5號　　電話 | (049)2897-238

【使用注意事項】
1. 持本券至二樓賣場單筆消費滿500元(含)，可享95折優惠，不得與其他優惠及折扣併用。
2. 為確保您的權益，來店前請至少於一日前事先預約，並告知使用本書優惠方案。
3. 本優惠券限於活動期間乙次性使用，並需剪下兌換。
4. 本優惠券使用說明如有未盡事宜，以活動現場公告為準。

HOHOCHA 喝喝茶　　地址 | 南投縣魚池鄉魚池村魚池街443-36號　　電話 | (049)2895-899

【使用注意事項】
1. 本優惠不得與其他優惠併用。
2. 為確保您的權益，來店前請至少於一日前事先預約，並告知使用本書優惠方案。
3. 本優惠券限於活動期間乙次性使用，並需剪下兌換。
4. 本優惠券使用說明如有未盡事宜，以活動現場公告為準。

日月潭東峰紅茶莊園　　地址 | 南投縣魚池鄉中明村有水巷5-30號　　電話 | (049)2899-985

【使用注意事項】
1. 本優惠不得與其他優惠併用。
2. 為確保您的權益，來店前請至少於一日前事先預約，並告知使用本書優惠方案。
3. 本優惠券限於活動期間乙次性使用，並需剪下兌換。
4. 本優惠券使用說明如有未盡事宜，以活動現場公告為準。

龍雲休閒農場　　地址 | 嘉義縣竹崎鄉中和村石棹1之2號　　電話 | (05)256-2216

【使用注意事項】
1. 為確保您的權益，來店前請至少於一日前事先預約，並告知使用本書優惠方案。
2. 本優惠券限於活動期間乙次性使用，並需剪下兌換。
3. 本優惠券使用說明如有未盡事宜，以活動現場公告為準。

林園製茶　　地址 | 嘉義縣竹崎鄉中和村石棹19之57號　　電話 | (05)256-1523

【使用注意事項】
1. 為確保您的權益，來店前請至少於一日前事先預約，並告知使用本書優惠方案。
2. 本優惠券限於活動期間乙次性使用，並需剪下兌換。
3. 本優惠券使用說明如有未盡事宜，以活動現場公告為準。

優遊吧斯　　地址 | 嘉義縣阿里山鄉樂野村樂野127之2號　　電話 | (05)256-2788

鵝山茶園

1. 活動期間憑本優惠券購買「採果及金桔烏龍茶體驗」可享八折優惠。
2. 活動期間憑本券購買「採茶製茶體驗及茶燻蛋體驗」可享八折優惠。

優惠使用期限：即日起至 2023 年 12 月 31 日止。

星源茶園

1. 來店即可免費兌換「宜蘭茶餅-紅茶牛舌餅」1 包及「柚花烏龍茶原片茶包」1 包。
2. 凡於本店消費滿 5000 元即可享折價 300 元。

優惠使用期限：即日起至 2023 年 12 月 31 日止。

祥語有機農場

1. 凡參加「綠茶製作體驗 DIY (手工炒茶)」或「綠茶龍鬚糖 DIY」，可享 10 人成行 1 人免費。
2. 凡購買茶產品可享 9 折。

優惠使用期限：即日起至 2023 年 12 月 31 日止。

Ba han han non 好茶咖啡工作室

來店消費即贈送茶包兩包。

優惠使用期限：即日起至 2023 年 12 月 31 日止。

益順休閒農莊民宿

來店消費滿 500 元，即送茶包乙包。

優惠使用期限：即日起至 2023 年 12 月 31 日止。

碧蘿園茗茶坊

1. 參加「紅烏龍炒花生 DIY」活動可享優惠價 150 元（原價 200 元）。
2. 來店購買商品滿 500 元，即送紅烏龍冰淇淋乙個。

優惠使用期限：即日起至 2023 年 12 月 31 日止。

佳芳休閒農場

1. 凡購買參加「佳芳休閒農場-農遊採茶趣」體驗活動（350 元 / 每人），每報名一人可憑本券免費兌換每人「綜合茶包」一組（價值 75 元）。
2. 凡購買參加「佳芳休閒農場-農遊採茶趣」體驗活動（350 元 / 每人），可憑本券兌換「滿 10 送 1」優惠，即「滿 10 人則享 1 人免費」之折扣。

優惠使用期限：即日起至 2023 年 12 月 31 日止。

【使用注意事項】
1. 為確保您的權益，來店前請至少於三日前事先預約，並告知使用本書優惠方案。
2. 本優惠券限於活動期間乙次性使用，並需剪下兌換。
3. 本優惠券使用說明如有未盡事宜，以活動現場公告為準。

鵝山茶園　地址｜宜蘭縣冬山鄉中山村中山五路3號　電話｜(03)958-0301

【使用注意事項】
1. 為確保您的權益，來店前請至少於一日前事先預約，並告知使用本書優惠方案。
2. 本優惠券限於活動期間乙次性使用，並需剪下兌換。
3. 本優惠券使用說明如有未盡事宜，以活動現場公告為準。

星源茶園　地址｜宜蘭縣冬山鄉中山村中城路115號　電話｜(03)958-8947

【使用注意事項】
1. 為確保您的權益，來店前請至少於一日前事先預約，並告知使用本書優惠方案。
2. 本優惠券限於活動期間乙次性使用，並需剪下兌換。
3. 本優惠券使用說明如有未盡事宜，以活動現場公告為準。

祥語有機農場　地址｜宜蘭縣冬山鄉中山村中城路173號　電話｜(03)958-7959

【使用注意事項】
1. 為確保您的權益，來店前請至少於一日前事先預約，並告知使用本書優惠方案。
2. 本優惠券限於活動期間乙次性使用，並需剪下兌換。
3. 本優惠券使用說明如有未盡事宜，以活動現場公告為準。

Ba han han non好茶咖啡工作室　地址｜花蓮縣瑞穗鄉中正南路二段74-4號　電話｜(038)873-289

【使用注意事項】
1. 本優惠不得與其他優惠併用。
2. 為確保您的權益，來店前請至少於一日前事先預約，並告知使用本書優惠方案。
3. 本優惠券限於活動期間乙次性使用，並需剪下兌換。
4. 本優惠券使用說明如有未盡事宜，以活動現場公告為準。

益順休閒農莊民宿　地址｜花蓮縣富里鄉竹田村25鄰雲閩15號　電話｜(038)821-123

【使用注意事項】
1. 本優惠不得與其他優惠併用。
2. 為確保您的權益，來店前請至少於一日前事先預約，並告知使用本書優惠方案。
3. 本優惠券限於活動期間乙次性使用，並需剪下兌換。
4. 本優惠券使用說明如有未盡事宜，以活動現場公告為準。

碧蘿園茗茶坊　地址｜台東縣鹿野鄉龍田村北三路358號　電話｜(089)550-339

【使用注意事項】
1. 「佳芳休閒農場-農遊採茶趣」體驗活動時間長度約1.5～2小時，活動內容含：
　　①導覽解說 ②採茶體驗 ③現榨汁綠茶汁品嚐 ④手作茶蛋捲 ⑤茗茶品嚐。
2. 為確保您的權益，來店前請至少於三日前事先預約，並告知使用本書優惠方案。
3. 本優惠券限於活動期間乙次性使用，並需剪下兌換。
4. 本優惠券使用說明如有未盡事宜，以活動現場公告為準。

佳芳休閒農場　地址｜台東縣卑南鄉明峰村牧72-4號　電話｜(089)227-660

茶香之旅

上農遊超市

農遊超市
Farmour Market

了解更多

茶 不只可以喝,還可以玩
走遍全台各地茶鄉
體驗採茶、製茶、品茶
還可以吃茶.....
享受台灣最回甘的茶香

茶の食×宿×玩×買×賞

台灣廣廈 國際出版集團
Taiwan Mansion International Group

國家圖書館出版品預行編目（CIP）資料

正是喝茶時：跟著世界茶藝師一起選茶×泡茶×品茶，順應四
季節氣享茶，喝出生活中的好茶真滋味 /鄭多亨著；林又晞譯.
-- 初版. -- 新北市：臺灣廣廈有聲圖書有限公司，2023.05
面；　公分
ISBN 978-986-130-579-0(平裝)
1.CST: 茶食譜 2.CST: 茶葉

427.41　　　　　　　　　　　　　　　112004104

台灣
廣廈

正是喝茶時
跟著世界茶藝師一起選茶 × 泡茶 × 品茶，順應四季節氣享茶，
喝出生活中的好茶真滋味

作　　　者／鄭多亨　　　　　編輯中心編輯長／張秀環・編輯／蔡沐晨
翻　　　譯／林又晞　　　　　封面設計／曾詩涵・內頁排版／菩薩蠻數位文化有限公司
　　　　　　　　　　　　　　製版・印刷・裝訂／東豪・弼聖・秉成

行企研發中心總監／陳冠蒨　　線上學習中心總監／陳冠蒨
媒體公關組／陳柔与　　　　　數位營運組／顏佑婷
綜合業務組／何欣穎　　　　　企製開發組／江季珊

發　行　人／江媛珍
法律顧問／第一國際法律事務所 余淑杏律師・北辰著作權事務所 蕭雄淋律師
出　　　版／台灣廣廈
發　　　行／台灣廣廈有聲圖書有限公司
　　　　　　地址：新北市235中和區中山路二段359巷7號2樓
　　　　　　電話：（886）2-2225-5777・傳真：（886）2-2225-8052

代理印務・全球總經銷／知遠文化事業有限公司
　　　　　　地址：新北市222深坑區北深路三段155巷25號5樓
　　　　　　電話：（886）2-2664-8800・傳真：（886）2-2664-8801
郵政劃撥／劃撥帳號：18836722
　　　　　　劃撥戶名：知遠文化事業有限公司（※單次購書金額未達1000元，請另付70元郵資。）

■出版日期：2023年05月
ISBN：978-986-130-579-0　　　　版權所有，未經同意不得重製、轉載、翻印。